# AQUA

Photography by Beat Presser

Till Schaap
Edition

Gestaltung / designed by : Vera Pechel Grafik, Basel
Übersetzung / translation: Doris Jüngling und John Bradshaw
Deutsches Lektorat / German Proofreading: Miriam Seifert-Weibel, Hamburg
Fotolithographie / Photolithography: Fotosatz Schmidt, Weinstadt, DE
Druck und Bindung / Printing and bookbinding: Kösel GmbH & Co. KG, Altusried, DE

ISBN: 978-3-03828-008-8
Till Schaap Edition
Seilerstrasse 23A
3011 Bern

till.schaap@bluewin.ch
www.tillschaapedition.ch

## Inhaltsverzeichnis



## Content

# AQUA. Die unendliche Reise des Wassers

*Jürg Steiner*

Wasser ist immer unterwegs. Nie bleibt Wasser stehen. Nicht einmal dann, wenn es – vermeintlich – erstarrt ist zu bizarren Eisskulpturen. Hunderte von Metern dicke Gletscher, die das Hochgebirge wie ein Panzer umhüllen, fliessen unendlich langsam talwärts, angetrieben von der Schwerkraft. Wenn Regen als Schnee fällt, bleibt das darin enthaltene Wasser in Bewegung: Federleichtes Pulver sackt zu triefendem Sulz zusammen. Es braucht ein paar Grad Wärme, und der Schnee rinnt davon; es braucht etwas Hitze, und das Wasser löst sich als Dampf in Luft auf.

Die Reise des Wassers hat keinen Anfang und kein Ende.

Im ewigen Eis, dem Vorratsspeicher des Wasserschlosses Schweiz, steckt eine unbändige Kraft. Das Gletschereis fräst und formt auf seinem jahrzehntelangen Weg vom Nährgebiet hinunter zur Zunge unerbittlich den Fels, ehe es dort, zu Gletschermilch geschmolzen, Fahrt aufnimmt und als tosender Bergbach zu Tale stürzt. Der Bach schwillt an, gespeist von allen Seiten, zum Fluss und später zum Strom, der sich ins Meer ergiesst. Dort endet der weite Weg. Aber eigentlich fängt er erst an. Von der Oberfläche der Ozeane verdunstet das Wasser in die Atmosphäre, Wind und Wetter treiben die Wolken zurück in die Berge, wo sie sich ausregnen.

Wasser kommt weit herum. Aber auf Wasser ist Verlass. Wie ein Wunder scheint es immer da zu sein.

Im unendlichen Kreislauf des Wassers spielt das Bergland Schweiz für Mitteleuropa eine zentrale Rolle. Wegen ihrer Lage in der Mitte der Alpen, wo die Berge am höchsten sind, liefert die Schweiz lebenswichtiges Wasser in alle vier Himmelsrichtungen. Fast zwei Drittel des Abflusses aus den Schweizer Bergen strömen Richtung Nordsee, ein Viertel macht die Reise zum ligurischen Meer, der Rest in die Adria und ins Schwarze Meer. Jedes Jahr „exportiert" die Schweiz, wie Hydrologen gemessen haben, die unvorstellbare Menge von 53 Kubikkilometern Wasser – das ist, als wäre die gesamte Fläche der Schweiz mit einem Wasserpegel von 1,3 Metern Höhe bedeckt. Allerdings braucht auch das Wasserschloss Europas ständig Nachschub: Was in der Schweiz aus Quellen sprudelt, im Grundwasser lagert oder in Schnee und Eis gespeichert ist, wird ständig herangeschafft – der grösste Teil des Schweizer Wassers entstammt dem Nordatlantik, von wo es das Westwindwetter als Wasserdampf in die Alpen transportiert.

Wasser kehrt stets zurück. Immer gleich, aber jedes Mal anders.

Vom Wasser, das in der Schweiz jedes Jahr vom Himmel fällt, bleibt ein Drittel vorerst als Schnee liegen, ein Drittel verdunstet, ein Drittel fliesst relativ schnell in Bächen und Flüssen ab. Doch das verändert sich ständig. Das Klima wird milder, es fällt weniger Schnee, dafür mehr und heftiger Regen. Gletscher in ihrer heutigen Ausdehnung sind eine Erinnerung an frühere Zeiten, weil sie nur langsam auf den Wandel reagieren: Selbst wenn die Temperatur konstant auf dem Niveau bliebe von heute, die Gletscher würden auf die Hälfte ihres heutigen Volumens weiterschmelzen. „Gletscher haben ein langes Gedächtnis", sagt der Klimatologe Heinz Wanner. Geht die Klimaerwärmung weiter wie prognostiziert, wird bis Ende des Jahrhunderts wohl bloss vom riesigen Aletschgletscher wohl bloss im Rücken der Jungfrau ein respektabler Restposten übrig bleiben.

Trotzdem wird das Wasser seine weite Reise fortsetzen. Niemand kann es festhalten. Unbeirrt folgt es den physikalischen Gesetzmässigkeiten, auch wenn die Bedingungen ständig anders werden. Das macht auf dem unendlichen Weg des Wassers jeden Moment einzig. Unverwechselbar. Wundervoll.

Dem weitgereisten Schweizer Fotografen Beat Presser gelingt es mit seinen behutsamen Aufnahmen, diese stille Mystik des sich wandelnden Wassers sichtbar zu machen. Und er verbindet diese unklischierte künstlerische Reverenz an das gebirgige Wasserschloss Schweiz mit der turbulenten Lebensgeschichte seines Grossvaters Eduard, der 1896 samt Fotoausrüstung den Gipfel der Jungfrau erreichte, dort aber trotz grossartiger Fernsicht eine bittere Enttäuschung erlebte – weil Wasser zu Eis gefroren war.

Doch trotzdem floss Eduards Leidenschaft für die Fotografie und die Kraft der Berge über die Generationen zu Enkel Beat – wie ein Tropfen auf seiner endlosen Reise. Damit schliesst sich ein Kreislauf, könnte man sagen. Und das gilt auch für dieses Buch, das mehr ist als eine kraftvolle Hommage an die Reise des Wassers.

Es ist eine Verneigung vor der Reise des Lebens.

1 Alle Mengenangaben in diesem Text aus: *Das Wasser in der Schweiz*, veröffentlicht von der Hydrologischen Kommission der Schweizerischen Akademie der Naturwissenschaften, 2013.

2 Zitat aus einem Text des Autoren über Heinz Wanner, veröffentlicht in der *Berner Zeitung*, 08.05.2010.

# AQUA. The infinite journey of water

*Jürg Steiner*

Water is always in motion. Water never rests. Not even when it has solidified, supposedly, into bizarre ice sculptures. Glaciers, which are hundreds of meters thick and surround the high mountains like armour, move infinitely slowly downhill, set in motion by the force of gravity. When rain falls as snow, the water contained within remains in motion: feather-light powder snow condenses into dripping heavy snow. It takes only a few degrees of warmth to turn snow into a trickle and some degrees of heat to turn water into vapour.

The water's journey has no beginning and no end.

The eternal ice, the supply of the water castle that is Switzerland, is an unstoppable force. The ice cuts into and shapes the rock on its decade long voyage down from the top of the glacier to its tongue, before it melts to glacier milk, picks up speed and continues down the mountain as a raging mountain rivulet. The brook swells, fed from all sides, into a stream and later into a river that pours into the sea. There the long journey ends. But from there it also begins. The water on surface of the oceans evaporates into the atmosphere, wind and weather driving the clouds back into the mountains, where they drop the water as rain.

Water moves around. But we can depend on its miraculous ever presence.

In the infinite loop of the water, the mountain country Switzerland plays an important role for Central Europe. Because of its location in the middle of the Alps, where the mountains are at their highest, Switzerland supplies vital water to all four points of the compass. Almost two-thirds of the outflow from the Swiss mountains flow toward the North Sea, a quarter makes the trip to the Ligurian sea, and the remainder to the Adriatic and the Black Seas. Each year, Switzerland "exports", as hydrologists have measured, an unimaginable quantity of 53 cubic kilometres of water – an amount as enormous as if the entire area of Switzerland was covered with 1.3 metres of water. However, the water reservoir of Europe needs supplies too: the liquid bubbling from springs in Switzerland, stored in the groundwater or in snow and ice, is constantly being transported inwards – the biggest part of the Swiss water comes from the North Atlantic, where the west winds transport the water as vapour into the Alps.

Water always returns. The same formula but always in differing forms.

Of the water that falls in Switzerland each year from the sky, one third falls as snow, another third evaporates and a third runs off in rivers and streams. But the pattern is constantly changing. As the climate warms up, less snow falls, but there is more and heavier rainfall. Glaciers of the sizes we see today are mere remnants of earlier times, slowly but surely responding to change. Even if the temperature remained constant at today's levels, the glaciers would continue to melt to half their size. "Glaciers have a long memory," says climatologist Heinz Wanner. If global warming continues as predicted, there will only remain a part, albeit sizeable, of the huge Aletsch Glacier in the back of the Jungfrau.

The water will still continue its long journey. No one can stop it. It unerringly follows physical laws, even if the surrounding conditions constantly change. This makes every moment in the infinite path of water unique. Unchangeable. Wonderful.

The well travelled Swiss photographer Beat Presser succeeds in making the silent mysticism of changing water visible with his with his delicate photographs. And he combines this unsentimental artistic homage to the mountainous Switzerland with the turbulent life story of his grandfather Eduard – he who reached the summit of the Jungfrau in 1896 with his photographic equipment, but despite the great view experienced a bitter disappointment, because water had frozen to ice. But Edward's passion for photography and the power of the mountains flowed over the generations to his grandson Beat – like a drop of water on its endless journey. This closes a loop, you could say. This book is similarly cyclical, as it is more than just a powerful homage to the journey of the water, it is a bow to the journey of life.

1 All quantitative statements in his Text taken from: "Das Wasser in der Schweiz", published by the Hydrologischen Kommission der Schweizerischen Akademie der Naturwissenschaften, 2013.

2 Taken from a text by the author about Heinz Wanner, published in the Berner Zeitung, 8.5.2010

## KARTE DER SCHWEIZER FLÜSSE UND SEEN

## MAP OF SWISS WATERS

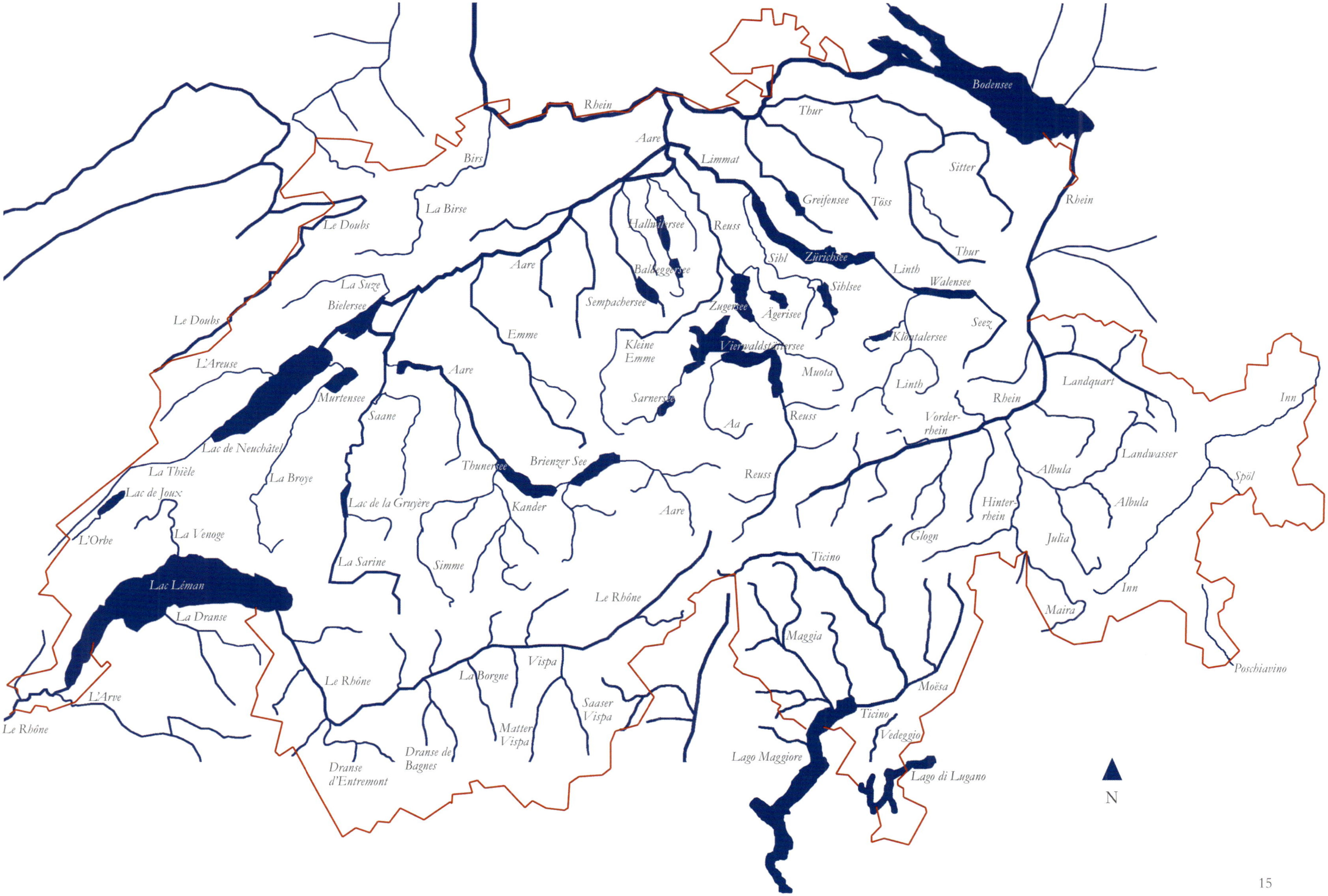
Bodensee
Rhein
Thur
Aare
Limmat
Birs
Sitter
Greifensee
Töss
Rhein
La Birse
Le Doubs
Hallwilersee
Reuss
Thur
Sihl
Zürichsee
Linth
Aare
Baldeggersee
Walensee
La Suze
Sihlsee
Bielersee
Sempachersee
Zugersee
Ägerisee
Le Doubs
Seez
Emme
Klöntalersee
Kleine Emme
Vierwaldstättersee
L'Areuse
Aare
Muota
Linth
Landquart
Murtensee
Sarnersee
Rhein
Inn
Saane
Reuss
Vorder-rhein
Aa
Lac de Neuchâtel
Landwasser
Brienzer See
Thunersee
La Thièle
Reuss
Albula
La Broye
Spöl
Lac de Joux
Kander
Hinter-rhein
Albula
Lac de la Gruyère
Aare
La Venoge
L'Orbe
Glogn
Julia
Ticino
La Sarine
Simme
Lac Léman
Le Rhône
Inn
La Dranse
Maira
Maggia
Vispa
Poschiavino
Le Rhône
La Borgne
Moësa
L'Arve
Saaser Vispa
Ticino
Le Rhône
Matter Vispa
Vedeggio
Dranse de Bagnes
Lago Maggiore
Dranse d'Entremont
Lago di Lugano
N

# JUNGFRAU. 1. AUGUST 1896

Am 1. August 1896 machte mein Grossvater eine böse Erfahrung. Eduard Presser stand erschöpft und frierend auf der Jungfrau. Das Wasser, das er mit auf den Berg geschleppt hatte und gebraucht hätte, um die Bilder seiner Panoramakamera zu entwickeln war zu Eis erstarrt. „Alles vergebens", schoss es Eduard durch den Kopf. Er vergass darüber die grossartige Aussicht, den Blick auf den Aletschgletscher, das Finsteraarhorn, den Eiger, Mönch, das Aletschhorn – das gesamte Alpenpanorama.

Eduard Presser und seine beiden Begleiter, der Bergführer Peter Baumann aus Grindelwald und der Strahler und Hirte Johannes Lauener aus Lauterbrunnen, waren seit drei Tagen unterwegs zum Gipfel. Die drei jungen Männer hatten bereits zwei Nächte im Biwak verbracht. Nur unter schwersten Anstrengungen war es den Dreien gelungen, Eduards gesamte Ausrüstung auf die 4158 Meter hohe Jungfrau zu hieven. Damals war die Fotografie noch eine aufwendige und schwierige Angelegenheit. Dem Fotografen wurden viel Sorgfalt, Wissen, Experimentierfreudigkeit und technische Kenntnisse abverlangt. Die Glasplatten mussten mit einer Emulsion beschichtet, in die Kamera eingesetzt und belichtet werden. Dieser Vorgang musste schnell gehen, ganz im Gegensatz zu der Belichtung. Fotografische Emulsionen waren im vorletzten Jahrhundert noch sehr wenig empfindlich und verlangten lange Belichtungszeiten. Die Entwicklung musste vor Ort stattfinden, Sulfate, Säuren und andere Chemikalien waren nötig und mussten mit auf den Berg. Und natürlich Wasser! Für jeden fotografischen Prozess von damals unentbehrlich.

31. Juli, 11 Uhr nachts. Nur noch wenige Stunden zum Gipfel. Die Nacht kristallklar, der Himmel voller Sterne. Wie es wohl sein würde? Dort oben, wo erst wenige vor ihnen gewesen waren. Auf der Jungfrau, die bis Anfang des Jahrhunderts noch als unbezwingbar galt. Sie wollten den Beweis erbringen, ganz oben gewesen zu sein, und Eduard wollte ein Panoramabild mit ins Tal bringen. Die Fotografie sollte eine Sicht festhalten, die noch niemand auf der Welt so gesehen hatte. Zudem wollten sie heil wieder ins Tal kommen. Erst wenige Jahre zuvor, im Jahre 1887, war eine Seilschaft beim Abstieg in einen Sturm geraten und hatte sich verirrt. Alle sechs Bergsteiger waren zu Tode gestürzt.

Mehr Glück hatten Anfang des Jahrhunderts Johann Rudolf und Hieronymus Meyer. Sie waren die Söhne des erfolgreichen und wohlhabenden Seidenbandfabrikanten Rudolf Meyer aus Aarau. Ein Mann mit grossem Interesse an der Wissenschaft und Geografie, der das erste Relief der Schweiz aus Papiermaschee anfertigen liess und einen ersten Atlas über die Schweiz herausgab. Rudolf und Hieronymus Meyer war es als ersten gelungen, in bisher unbekannte Höhen und Gebiete vorzudringen, um von der Jungfrau ins Tal zu schauen. Der Weg zur Jungfrau war lang und beschwerlich. Das Hochgebirge war vorwiegend unbekannt und unerforscht. Niemand kannte die Wege, niemand wollte nach oben. Nur Strahler und Gemsjäger wussten zu jener Zeit, dass sich im Hochgebirge riesige Gletscher nach oben erstreckten. Genaueres über die Lage der Täler, der Gipfel oder die Beschaffenheit und Grösse der Gletscher war nicht bekannt. Die Reise zum Berg und der Weg nach oben waren gefährlich, mit grossen Risiken verbunden. Die Gebrüder Meyer, ihre Dienstboten und der Träger Kaspar Huber aus Guttannen wagten die Bezwingung der Jungfrau von Süden her. Zu Fuss von Aarau aus über den Grimselpass und das Rhonetal nach Fiesch im Wallis, von da aus über den Aletschgletscher und entlang dem Oberaletschgletscher über den Beichpass ins Lötschental. Hier verzichteten die Dienstboten aus Angst vor dem Ungewissen auf eine Weiterreise. Die bergkundigen Gemsjäger Alois Volker und Joseph Bortis gesellten sich dazu. Östlich der Lötschenlücke auf dem Aletschgletscher, auf gut 3000 Metern Höhe machte die fünfköpfige Seilschaft für zwei Tage halt, um die Gegend auszukundschaften. Sie waren ausgerüstet mit langen Hanfseilen, Steigeisen, Pickel, Proviant und einer 6 Meter langen, zerlegbaren Holzleiter, um Gletscherspalten und schwierige Passagen im ewigen Eis zu überbrücken. Am 3. August 1811 war es soweit. Fünf wagemutige und unerschrockene Männer standen oben auf dem Gipfel: Eis, Gletscher und Berge soweit das Auge reichte. Zurück im Tal aber wollte ihnen niemand Glauben schenken. Die auf dem Gipfel zurückgelassene Flagge hatte der Wind entführt. Die Jungfrau war jungfräulich, so sollte es auch bleiben.

75 Jahre später. Auf dem Weg zum Gipfel. Eduard liebte weder Flaggen noch Fahnen, er hatte auch keine mitgebracht. Dafür aber sein fotografisches Gerät. Gab es einen besseren Beweis, dass man ganz oben war, als eine Fotografie?

Es war bereits Eduards vierte Expedition zur Jungfrau. Nun stand er ganz oben, das Wasser gefroren, das Jungfraupanoramagipfelfoto blieb ihm versagt. Was für eine persönliche Tragödie, was für ein Verlust, nach all der Mühsal. Es schmerzten die Finger, der Rücken, der Kopf. Eduard sah tief ins Tal, dann hoch zum Himmel. Besorgniserregende schwarze Wolken verdunkelten den Himmel, Nebelschwaden zogen vom Eiger zur Jungfrau. Ein weiterer Verbleib auf dem Gipfel, um das Eis aufzutauen, stand außer Frage. Peter Baumann, sein treuer Freund und Begleiter, drängte zum Abstieg, rasch machten sie sich auf den Weg. Der Abstieg hinunter ins Tal war schwierig und mühsam. Wind und Eiskörner peitschten den drei Abenteurern ins Gesicht, sie waren in ein Hagelgewitter geraten. Inzwischen war die Temperatur weiter gefallen. Je mehr sich der Nebel verdichtete, desto eher liefen die Bergsteiger Gefahr, sich zu verlaufen und die Orientierung zu verlieren. Einige Hundert Meter unter dem Gipfel riet Johannes Lauener zum Bleiben. Weitergehen sei zu gefährlich! Sie bauten ihr Zelt auf und vertäuten es so gut es ging. Ecken und Enden wurden beschwert und sie machten es sich im engen Zelt bequem. Hasli hatte recht, ein furchterregender Sturm tobte an jenem Tag und der darauffolgenden Nacht von Süden her über den Gletscher. Noch Jahre später erzählte Eduard Presser, dass ihnen Johannes, der Strahler und Hirte aus Lauterbrunnen, das Leben gerettet habe. Die Reise zur Jungfrau war die letzte grosse Expedition meines Grossvaters ins Hochgebirge. Der gewaltige Sturm und das Fiasko mit dem zu Eis gewordenen Wasser hatten Eduard seine Begeisterung an der Bergsteigerei ein für alle mal genommen. Sein Interesse am Eis aber war durch dieses Erlebnis noch grösser geworden.

Johannes Lauener, Peter Baumann und Eduard Presser unterhielten sich über den gemeinsamen Gipfelgang nebst den entgangenen Gefahren. Es war eng im Zelt. Die Ausrüstung des Fotografen beanspruchte den meisten Platz. Sie verspeisten das Wenige, was noch übrig war, ein paar Äpfel, ein halbes Brot sowie ein Stück Käse und machten sich über Eduard und das gefrorene Wasser lustig. Sie hatten recht, dass das Wasser eingefroren war, ärgerte ihn. Schliesslich hatte er in Wien an der Universität Geografie studiert und hatte sich für das eben erst aufkommende Spezialgebiet Glaziologie interessiert. Noch beim Abstieg, kurz nach dem Gipfel, schoss es ihm durch den Kopf: Wieso hast du das Wasser nicht auf der Haut getragen? Er hätte wissen müssen, dass bei dieser Temperatur und so weit oben am Berg das Wasser zu Eis wird und nicht umgekehrt.

Draussen heulte der Sturm, ein eisiger Wind blies durch das dünne Zelt. Eduard Presser machte sich nichts draus, er würde sich auch weiterhin mit der Fotografie beschäftigen. Er war nicht sehr nachtragend, schon gar nicht, wenn es um seine fotografischen Erfolge und Misserfolge ging. Die Fotografie war noch jung und unerforscht. Es gab unendlich viele Möglichkeiten zu experimentieren und viel zu entdecken. Wenn etwas schief ging, dann lag das in der Natur der Sache. „Weiter nicht schlimm“, meinte er zu seinen beiden Jungfraumitbesteigern. Im Zelt auf dem Jungfraufirn hatte man sich bereits anderen Themen zugewandt: Wer war der erste Alpenmensch? Wer hatte es als Erster gewagt, so weit nach oben zu dringen? Wer war vor ihnen da? Wer im Tal, wer am Berg? Vor wie langer Zeit? Würde es je eine Antwort auf diese Fragen geben?

„Das Urvolk, jene die als erste die Bergtäler besiedelten, das waren wir, die Hirten und die Jäger“, fügte Johannes als Antwort hinzu. „Niemand anders wagte sich so weit nach oben, dort wo es nichts anderes gibt als Geröll, Stein, Schnee, Gletscher, da wo der ewige Schnee und das ewige Eis zu finden sind. Wir waren die ersten, welche die Gebirgsketten der Alpen und der mächtigen Gebirge durchschritten und später allmählich besiedelt haben. Wir haben uns hier oben niedergelassen. Vor Tausenden von Jahren muss das schon gewesen sein. Ein hartes Leben, voller Entbehrungen und Mühsal. Aber die Jagdgründe waren reich: Bären, Steinböcke, Rehe, Hirsche, Wildschweine, Füchse, Wölfe. Mit Pfeil und Bogen oder der Armbrust haben wir sie gejagt, diese stolzen Tiere, um unser Leben zu fristen und unsere Familien zu ernähren. Und schön ist es hier: Mächtig die Berge und Wasser im Überfluss. Erst viel später kamen die Handelsreisenden, von Süden und Norden, vom Westen und vom Osten. Sie wanderten auf unseren Saumpfaden und Wegen über die wenigen und leicht begehbaren Gebirgspässe. Es waren beschwerliche, abenteuerliche und mühsame Wege und das Ziel für die Reisenden von damals war immer diesseits und jenseits der Alpen. Und solche Reisen durchs Gebirge waren gefährlich, viele Händler wurden von Wegelagerern überfallen, ihrer Waren beraubt oder gingen verloren in der ihnen unbekannten Wildnis der Berge. Das Hochgebirge aber und die Gipfel, wie die Jungfrau, die wir heute bezwungen haben, waren nie ihr oder unser Ziel.“

„Was hätten Reisende oder wir auch dort oben gewollt? Im ewigen Eis, der Kälte, der Unwirtlichkeit, auf dem Eiger, dem Mönch und der Jungfrau?“, nahm Alois den Faden auf: „Für uns, die damalige Urbevölkerung, die Alpenmenschen, das Naturvolk oder die Bergbewohner waren die unerreichbaren Höhen von Sagen umhüllt. Das Gebirge war, so glaubten unsere Urväter, Aufenthaltsort überirdischer Wesen, Wohnstätte geheimnisvoller Kräfte, Götter und Gottheiten. All das passte wunderbar in das magische Weltbild unserer Vorfahren. Die Vorstellungen und Kenntnisse der Bergwelt waren vor Generationen noch sehr vage. Die Berge und die Alpengipfel waren damals weder bekannt noch benannt, man kannte noch nicht einmal die Gletscher. Von den wilden Tieren hatte man eine ebenso abenteuerliche Vorstellung wie von den wilden und riesenhaften Kreaturen, die angeblich in den hohen Alpentälern und in der wundersamen Bergwelt lebten. So ist es gekommen, dass die Bergwelt lange gemieden wurde. Nicht nur die Unwirtlichkeit der Landschaft, auch die Mär von Riesen, Kobolden, Drachen, bösen Geistern und Hexen, die angeblich auf den Gletschern tanzten, haben das ihre dazu beigetragen. Hier oben lebten wir lange isoliert und abgeschieden vom Rest der Welt. Dann kamen die Handelsreisenden und später Gelehrte, Mathematiker, Dichter, Botaniker, Forscher, Bergsteiger, Mineralogen, Physiker, Geografen und die Alpinisten. Zudem, so munkelt man, soll bald eine Jungfraubahn gebaut werden, durch den Eiger hindurch. Man stelle sich vor!" Alois schaute in die kleine frierende Runde und meinte lachend: „Und stellt euch vor, neulich ist gar ein Fotograf ins Tal gekommen und hat Wasser zu Eis gemacht, ganz oben auf dem Gipfel." Sie lachten, tranken die Milch, die ihnen geblieben war und legten sich schlafen. Eduard lag lange wach. Er war ganz oben und war dennoch gescheitert. Erfolgreich gescheitert. Wie weiter? Das Eis wollte ihm nicht mehr aus dem Kopf. In Grindelwald hatte er gesehen, dass Eis abgebaut und in alle Welt verschickt wurde. Dem wollte er nachgehen. Oder sollte er doch besser um Lydias Hand anhalten? Oder gar nach Amerika auswandern? Dann übermannte ihn der Schlaf. Draussen tobte der Sturm, es war kalt und feucht. Aber das Zelt, es hielt.

Eduard Presser stammte ursprünglich aus Secul, einem kleinen Bergdorf am Fusse der Karpaten im ehemaligen Österreich-Ungarn. Dort wurde im Namen des Kaisers von Österreichs und des Apostolischen Königs von Ungarn Kohle abgebaut. Die Arbeit war hart und unter Tage. Der Ertrag war gering, die Leute waren arm. In Secul kämpften die Menschen ums Überleben. Maria Josephia hatte zwei Töchter, Alexandra und Marina, sowie einen Sohn, Eduard, Protagonist dieser Geschichte. Ihr Mann Andrey Vladowitch stammte aus den Steppen Sibiriens und war eines Tages mit seinem Bruder Igor völlig mittellos und unerwartet in Secul aufgetaucht. Er war arbeitsam, charmant und amüsant, wusste die Dinge richtig anzupacken, galt aber als etwas leichtsinnig und dem Abenteuer zugeneigt. Risiken oder Angst waren Fremdwörter für den gross gewachsenen Mann aus Sibirien, der zusammen mit seinem Bruder über Wochen und Monate zu Fuss den Weg nach Secul gefunden hatte. Wurde er gefragt, wieso er ausgerechnet in Secul Halt gemacht hatte, so war seine Antwort klar und immer dieselbe: „Wegen Maria Josephia Presser natürlich, was sonst!" Maria Josephia und Andrey verliebten sich – Liebe auf den ersten Blick, wie Eduard es später immer wieder mit allen nötigen Details zum Besten gab. Die beiden eröffneten gemeinsam den „Grossen Ivan", eine saubere und gut geführte Herberge mit acht Zimmern. Das Haus aus Holz und Stein bot den Reisenden und Gesandten aus Budapest und Wien Unterschlupf und Nahrung, und die Einkünfte halfen, ihre kleine Familie über Wasser zu halten. Als allmählich auch andere Gasthöfe im Dorf entstanden, die Einkünfte immer dürftiger wurden, entschieden sich Andrey und Igor das Karpatendorf vorübergehend zu verlassen und ihr Glück und den Lebensunterhalt für die Familie anderswo zu suchen. Die Familie blieb in Secul zurück, die beiden Männer fuhren zur See. Mit Segel-, später mit Dampfschiffen vom damaligen Freihafen Triest aus, im Namen und Auftrag der österreichischen Handelsmarine. Durch den Suezkanal, nach Aden, den Orient, über den Indischen Ozean bis nach Asien, durch die Strasse von Malakka bis Singapur. Nur Igor kam nach Jahren wohlhabend zurück; die Reisen hatten ihm Glück gebracht und zu Reichtum verholfen. In Burma und Siam hatte er neben der Schifffahrt begonnen mit Edelsteinen zu handeln. Andrej, Eduards Vater hatte weniger Glück, er kam bei einem Überfall von malayischen Piraten in der Strasse von Malakka ums Leben. Die näheren Umstände blieben im Dunkeln, niemand wusste Genaueres. Das Schiff wurde geentert, geplündert und in Brand gesetzt. Mehr wusste man nicht; auch Igor nicht, er diente zu jener Zeit auf einem anderen Schiff. Zum Zeitpunkt als das Unglück zwischen Sumatra und Malaysia geschah, lief sein Schiff, wo er als Erster Offizier diente, in Bombay ein. Als er sechs Monate später vom Tod seines Bruders Andrey erfuhr, quittierte Igor seinen Dienst und kehrte nach Secul zurück.

Inzwischen war Eduard 15 Jahre alt, sprach deutsch, ungarisch und russisch, hatte sich, dank einem Oxford English Dictionary, das ein Gast im Gasthof seiner Eltern vergessen hatte, gute Englischkenntnisse angeeignet. Er ging gerne zur Schule, interessierte sich für Geschichte und Geografie und las jedes Buch, dessen er habhaft werden konnte. Im Gasthof seiner Mutter kamen viele Gäste vorbei, erzählten von der weiten Welt und weckten das Interesse des jungen „Gelehrten", wie er zuhause von seinen beiden älteren Schwestern im Spass genannt wurde. Die freie Zeit, die ihm neben dem

Studium seiner Bücher blieb, verbrachte er in den Karpaten. Zu Fuss, im Winter wie im Sommer. Die Kunde von Andreys unglückseligem Tod hatte sich bereits im Dorf verbreitet, als Igor eines frühen Morgens wieder in der Tür des Gasthofes seiner Schwägerin stand. Noch am selben Abend sass man zusammen, beriet über das weitere Vorgehen und die Zukunft der Kinder und des Gasthofes. Eduard sollte an die Universität nach Wien geschickt werden, um seine Fähigkeiten und Kenntnisse zu vertiefen. Else, die älteste Tochter, sollte zu ihrem Verlobten nach Tarnova ziehen und Anna-Maria würde weiterhin im Gasthof mithelfen und der Mutter zur Seite stehen. Igor sollte, nach angemessener Zeit der Trauer, Maria Josephia ehelichen. Später dann, in ein paar Jahren würde man sich – Ersparnisse vom Edelsteinhandel waren genügend da – in Triest zur Ruhe setzen und die Schiffe auf dem Weg in die weite Welt mit Blicken begleiten.

Im Frühjahr 1891 fuhr Eduard nach Wien. Zuerst mit dem Pferdewagen, dann mit der Eisenbahn. „Die Lokomotive, was für eine Errungenschaft, was für eine technische Meisterleistung! Eine neue Zeit war angebrochen: Was für ein Fortschritt! Jetzt bin auch ich, der Eduard, Teil der industrialisierten Gesellschaft und der moderne Mensch wird sich seiner Zwänge entledigen," dachte er bei sich, schaute zum Fenster hinaus und blickte auf eine blühende und faszinierende Frühlingslandschaft.

Wien war unfassbar, so anders als Secul, so gross, so prächtig. Wer hätte gedacht, dass es so etwas überhaupt gab: die Gebäude, die Plätze, die Strassen, der Verkehr, die Geschwindigkeit, die Kleider der Leute. Unbegreiflich! Dank einem Freund der Familie, einem Geologen, der öfter in Secul im Gasthof seiner Eltern übernachtet hatte, fand Eduard einen Studienplatz an der Universität Wien, und ein Zimmer im Dachstock eines herrschaftlichen Hauses. Er studierte Naturwissenschaften und beschäftigte sich von Beginn seines Studiums an eingehend mit der Glazologie, der Eis- und Gletscherkunde. Ein neues Spezialgebiet innerhalb der Geografie. Eduard war interessiert und fasziniert von der Entstehung, der Verbreitung und der Wirkung des Eises und der Gletscher. Wie und wieso ein Gletscher wuchs und weshalb er wieder kleiner wurde, die Einwirkungen der Eiszeiten, der kleinen und der grossen: All das war von nun an seine Welt und sein Forschungsgebiet. Als Eduard Presser im Laufe seines Studiums vernahm, dass es inzwischen einen Schweizerischen Alpen-Club gab, fasste er einen Entschluss: Nach Wien würde er den praktischen Teil seines Studiums in der Schweiz fortführen. Der Alpen-Club widmete sich der Erschliessung und Erforschung der Alpen sowie der Verbreitung des alpinen Wissens und der Förderung des Bergsteigens.

Etwa zur gleichen Zeit machte Eduard eine ganz andere Entdeckung. Ein Fachgebiet, das ihn das ganze Leben lang begleiten sollte: die Fotografie. Karl Schwarzschild, ein Kommilitone und Freund Eduards, lud ihn eines Tages auf eine Jahresversammlung der Fotografischen Gesellschaft ein. Die Gesellschaft wollte neue Techniken entwickeln, sie verfeinern und die Fotografie populärer machen. Zudem gab es eine Fachbibliothek zum Thema Fotografie, bestehend aus Büchern, Publikationen und Zeitschriften. Eduard kaufte sich eine Kamera und trat der Gesellschaft bei. Er fotografierte, studierte, experimentierte. Ob es sich nun um alte oder neue Techniken, chemische oder physikalische Errungenschaften handelte, er wollte sich das nötige Wissen aneignen. Die Idee, einen Augenblick für die Ewigkeit zu bannen, faszinierte ihn. Gab es etwas Erhabeneres?

Von der Schweiz wusste er nur wenig, als er sich im Winter 1895 zu Fuss auf den Weg machte. Von Wien aus ins Land der Alpen und des ewigen Schnees. Er wollte die Landschaft erlaufen, unterwegs ein paar Glasplatten mit Schneelandschaften belichten und Schritt für Schritt auf die Schweiz zugehen. Das würde ihm auch die nötige Kraft und die Muskeln verschaffen, um später hinauf auf die Gipfel der Berge zu steigen, meinte er in einem Nebensatz zu all denen, die gut und gerne bereit gewesen wären, dem fröhlichen und freundlichen jungen Eduard ein Eisenbahnbillet zu bezahlen. Ein weiterer Charakterzug meines Grossvaters sei hier kurz erwähnt: Wenn Eduard Presser sich etwas in den Kopf gesetzt hatte, dann gab es nichts und niemanden, das oder der ihn davon abgebracht hätte. Sein Wunsch, Neues zu sehen und zu entdecken, kannte keine Grenzen.

An der Grenze bei Schaffhausen machte er Halt am Rheinfall, um zwei oder drei Fotografien anzufertigen. Hier, so hatte er gelesen, gäbe es einen riesigen Wasserfall, dessen Grösse alle Vorstellungen übertraf. Zweimal in der Geschichte waren Bestrebungen laut geworden, den Rhein vom Bodensee bis zum Meer schiffbar zu machen. 1662 wollten niederländische Handelsleute den grossen Felsen sprengen, 1817 sollte ein unterirdischer Kanal gebaut und der Rheinfall vernichtet werden. Was für ein dummer Gedanke, dachte Eduard und betätigte den Auslöser seiner Kamera, um eine 24-minütige Belichtung vorzunehmen. Er schlief bei dem Flösser Johann Waldmeier, den er kennengelernt hatte und der sich bereit erklärte, ihn bis Basel mitzunehmen. Der Flösser hatte eine grosse Ladung Holz zu einem Floss zusammengebunden, mit der Absicht, es unterwegs zu verkaufen. „In Basel, da wird es dir gefallen", meinte er zum jungen Reisenden: „Dort gibt es guten Wein und schöne Frauen. Es ist eine mittelalterliche Stadt mit einer Universität. Auch Arbeit findest du dort, als Geograf und Fotograf!"

„Ich will zur Teufelsbrücke und zur Jungfrau", scherzte Eduard, bevor die beiden vor der Hütte des Flössers am Fusse des Wasserfalls eine Pfeife mit aus Wien mitgebrachtem feinem kubanischen Tabak anzündeten. „Nimm dich in Acht, Eduard, die Brücke ist ein Teufelswerk!", mahnte ihn Johann Waldmeier: „Lange ist es her, als die Walser begannen, das Gebiet im Oberland zu besiedeln, um die Reuss zu bezwingen. Sie wollten Zugang zur fruchtbaren Hochebene und brauchten eine Brücke über die Schöllenenschlucht. Ein unwegsamer, steil abfallender und gefährlicher Weg, den nur der Teufel zu gehen weiss! Also schlossen die Urner einen Pakt mit dem Teufel. Die Urner wollten eine Brücke, der Teufel den Ersten, der die Brücke überqueren würde. Und was taten die schlauen Eidgenossen?", fragte der Flösser den ahnungslosen Eduard? „Sie schickten einen wilden Geissbock über die stolze Brücke. Der Teufel, verrückt vor Wut, zerriss das arme Tier und machte Anstalten die Brücke mit einem grossen Felsen zu zertrümmern. Da stellte sich eine Alte ihm entgegen, mit einem Kreuz und heiligem Weihwasser. Sie nahm das Weihwasser und warf es dem Teufel ins Gesicht. Seitdem war der Teufel in jener Gegend nicht mehr gesehen."

„Aber hüte dich, Eduard, Teufel hin oder her, die Reuss, ganz weit oben, ist ein arg gefährlicher Fluss!" Weniger gefährlich war der Rhein, die Flösserei ein uraltes Gewerbe und lukratives Geschäft. Wälder wurden dezimiert, Holz wurde überall gebraucht. Für den Schiff- und Häuserbau, als Brennholz, für die Konstruktion von Brücken, Kirchen, Türmen, Bergwerken, für die Eisenbahn; die Industrialisierung verlangte nach Rohmaterialien. Auch andere Handelsgüter hatten Platz auf dem Floss und konnten unterwegs verkauft werden, andere wurden von einem Ort zum anderen transportiert. Die Wege waren damals noch schlecht, viele Gebiete unwegsam und gefährlich, ein Eisenbahnnetz war erst im Entstehen. Der Fluss hingegen ein idealer und kostengünstiger Transportweg. Die Reise flussabwärts auf dem Rhein und Floss war gemütlich, verlief ohne grosse Zwischenfälle. In Basel nahm Eduard Abschied vom Flösser, besuchte die Stadt mit ihrer humanistischen Tradition, die Universität und die heilige Stätte der Kelten beim Tüllinger Hügel. Dann machte er sich auf den Weg in das Oberland. Nichts ahnend, dass er später hier am Rheinknie in Basel eine Familie gründen und bis an sein Lebensende verweilen würde.

Inzwischen war Frühjahr, die Bauern bestellten ihre Felder, pflanzten Gemüse und Früchte und trugen sie zum Verkauf auf den Markt. Eduard fotografierte sie bei der Arbeit, zog von Dorf zu Dorf, gesellte sich zu ein paar Hamburger Zimmerleuten und flanierte mit ihnen gemeinsam dem Mittelland zu. Die Schöllenenschlucht liess er aus, auf den Teufel hatte er keine Lust. Da und dort half er den Zimmerleuten bei der Arbeit oder hörte ihren Gesängen zu. Nach ein paar Wochen nahm er Abschied und spazierte nach Lauterbrunnen. Dort bestieg er die eben erst eröffnete schmalspurige Zahnradbahn und fuhr hinauf bis nach Wengen, wo steile Berge sich erhoben und die Jungfrau stolz auf ihn hinunterblickte. Eduard lächelte zurück und meinte mit einem spitzbübischen Lächeln: „Dich werde ich eines Tages besuchen!"

1771 unternahm der damalige Theologiestudent und spätere Pfarrer Jakob Samuel Wyttenbach, fasziniert von den Gletschern, mit Freunden eine Bergwanderung von Lauterbrunnen über die Kleine und Grosse Scheidegg nach Meiringen. Zurück im Tal erstellte er einen Exkursionsbericht und beschrieb in einem kleinen Reisehandbuch die „merkwürdigsten Alpengegenden". In Bern gründete er mit Gleichgesinnten die Naturforschende Gesellschaft, mit dem Maler Caspar Wolf unternahm er Studienreisen ins Berner Oberland. Vor allem die Frage, woher die Findlinge kamen, die im Alpenraum verstreut herumlagen, trieb den Pfarrer um. Waren Findlinge wirklich riesige Steinklumpen, von Vulkanen ausgespuckt, oder gar Überbleibsel der Sintflut? Der Bericht hatte eine enorme Wirkung auf die damaligen Zeitgenossen und löste eine grosse Begeisterung fürs Hochgebirge aus.

Schon früher gab es Unternehmungen, die Alpen zu entdecken, erforschen und einzunehmen. Hannibal hatte 218 v.Chr mit 100000 Soldaten, 6000 Reitern und 37 Elefanten die Westalpen überschritten. Die Römer, die Liguren, die Gallier und die Kelten hatten entweder Kenntnis von den Alpen oder hatten sie überquert. Ab 1511 unternahm der Maler, Gelehrte und Forscher Leonardo da Vinci Reisen ins Hochgebirge, um die Höhen zu messen, den Aufbau und die Bodengestaltung der Gebirge und die Gesetzte der Physik zu erforschen. Der Arzt, Naturforscher, Botaniker und Gelehrte Conrad Gesner versuchte im 16. Jahrhundert seinen Zeitgenossen die Gebirgswelt näher zu bringen. Er beschloss, Jahr für Jahr eine Reise in die Berge zu

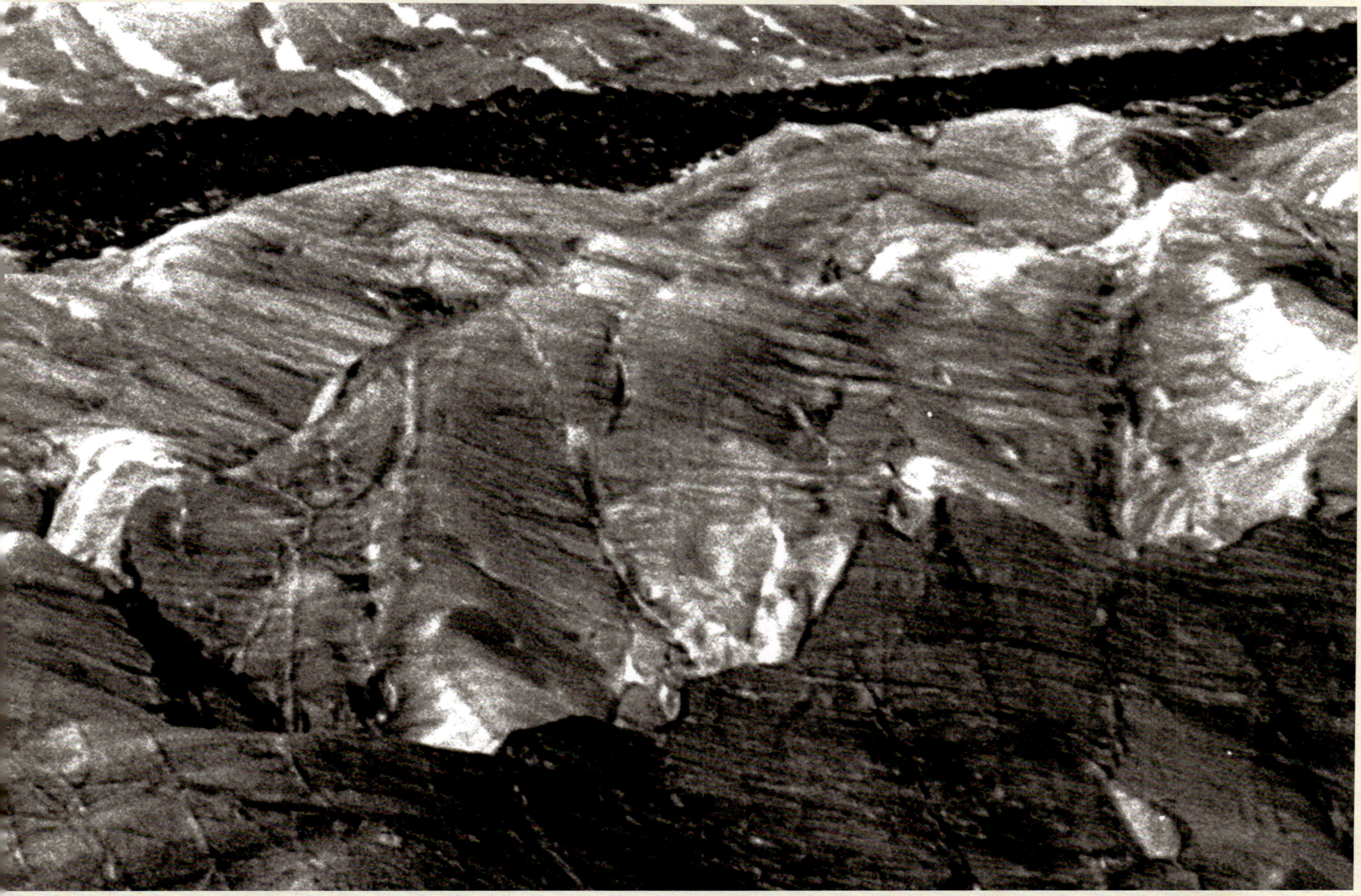

tätigen und einen neuen Gipfel zu erklimmen, die Bergflora zu untersuchen und dem Körper „eine edle Übung zu verschaffen". Die Würdigung der Alpen, ihre Erforschung und die Bergbenennung aber kamen nur zaghaft und langsam voran und sind auf die Initiative von wenigen Einzelpersonen zurückzuführen. Auf mittelalterlichen Weltkarten spielten die Alpen und die Berge eine untergeordnete Rolle. Nur Namen, balkenartige Striche und abenteuerliche Figuren kennzeichneten den Alpenkamm. Der Schleier, der seit jeher über den Hochalpen gelegen hatte, wurde im 17. Jahrhundert wieder dichter. Schuld daran waren die strenge Kirchenlehre und die mangelnde naturwissenschaftliche Bildung jener Zeit. Die Kunst des Lesens und das Wissen war nur wenigen vorbehalten. Die Bergwelt im Hochgebirge – so ging die Sage – war die Stätte des Fegefeuers und von schrecklichen Ungeheuern bewohnt.

Albrecht von Haller, Botaniker, Mediziner und Dichter aus Bern, half den Schleier zu lüften und seine Lehrgedichte fanden weite Beachtung. Er forderte 1728 seine Umgebung auf zu wandern und die Natur und ihre Werke zu bewundern. Auch die Reiseberichte und Gedichte Johann Wolfgang Goethes taten das ihre. Die Seele des Menschen gleiche dem Wasser, vom Himmel kommt es, zum Himmel steigt es. So Goethes Gedicht über den Staubbachfall in Lauterbrunnen aus dem Jahre 1779. Der Titel „Gesang der Geister über den Wassern" erinnert noch immer an die Furcht der Leute aus jener Zeit vor dem unwirtlichen und noch unbekannten Gebirge. Dennoch, die Menschen im Tal waren allmählich ihrer Angst beraubt und stiegen zu Berg. Langsam aber sicher. Schritt für Schritt. Berg um Berg. Eine grosse Wende brachten die Engländer. Nachdem sie die Welt auf dem Seewege vereinnahmt hatten und die Kolonien in aller Welt gefestigt waren, blieb nicht mehr viel zu erobern. Bis auf die Berge und deren Gipfel.

Und was lag näher als die Schweiz? Ein Engländer, der Mitte es 19. Jahrhunderts die Unbezwingbarkeit der höchsten Schweizer Gipfel widerlegte und für viel Aufregung und Kontroversen sorgte, war Edward Whymper. Am 14. Juli 1865 stand Whymper mit vier anderen, zum Teil unerfahrenen Berggängern und den beiden Zermatter Bergführern Peter Taugwalder und Peter Taugwalder jr. auf dem Matterhorn. Die Berggeister aber waren ihren Bezwingern alles andere als hold, sie waren erzürnt: Beim Abstieg stürzten vier der englischen Bezwinger des Matterhorns zu Tode. Nur Whymper und die beiden Taugwalder überlebten die Tragödie. Die Bergsteigerei, die Erkundung der abgeschiedenen Täler und deren Gipfel sowie der Wintersport und dessen Breitenwirkung aber nahmen ihren Anfang. Die bereits bestehenden Bahnen von Interlaken nach Grindelwald, Wengen und der kleinen Scheidegg sowie die Idee einer Erschliessung des Jungfraujochs mittels einer Bahn beflügelten die Vorstellungskraft der Menschen von damals. Aber nicht jedermann war begeistert von all den Neuerungen. Wälder mussten gerodet werden, man fürchtete Geröll- und Schneelawinen und im Parlament in Bern wurden Stimmen laut, die behaupteten, ein Tunnel durch Eiger, Mönch und Jungfrau sei eine Gotteslästerung.

Eduard zündete seine Pfeife an und schaute nach oben zur Jungfrau. Seit seiner Jugend in den Karpaten hatte er nichts Ähnliches gesehen, oder genauer: nie zuvor! Er war fasziniert und entzückt von der Berglandschaft und den Gipfeln die ihn umgaben, begeistert von einer Landschaft wie dieser. Zudem, hier oben in Wengen entstanden luxuriöse und vornehme Paläste, seitdem am 20. Juni 1893 die Wengeneralpbahn eröffnet worden war. Als Eduard mit einem kleinen Bündel, zwei Koffern mit belichteten Glasplatten, Fotoausrüstung und etlichen Büchern im Spätsommer 1895 in Wengen ankam, gab es bereits vier grosse Hotels. Im Hotel Silberhorn, Hotel Mittagshorn, Hotel Alpenrose und Hotel Falken erholten sich die Noblen und Reichen der Welt und ergötzten sich an der erhabenen Jungfrau. Von hier aus wagten Besucher aus dem Unterland oder von weither Exkursionen in höhere Berggegenden, begleitet von Dienern und örtlichen Führern. Das Hotel Falken gefiel Eduard am besten. Wann immer möglich verbrachte er dort seine freie Zeit. Hier herrschte eine ganz spezielle Atmosphäre, das Flair, das Mobiliar, die Gäste und der Klavierspieler erinnerten ihn an Wien und die Fotografische Gesellschaft. An die Bälle, die Tanzabende, das Theater, die Musik. Es gab aber auch noch andere Gründe, es waren nicht nur der majestätische Ausblick auf die Jungfrau, die gesunde Bergluft und der Nachthimmel voller Sterne. Er schwärmte auch für etwas Anderes. Bei seinem ersten Besuch auf der Veranda des Hotel Falken hatte Eduard Bekanntschaft mit Lydia von Allmen, der Tochter des Besitzers, gemacht. Die Liaison der beiden war herzlich und tief, aber schlussendlich glücklos. Die schöne 21-jährige Jungfer erzählte Eduard von ihrem Traum, das enge Tal mit seinen armen Bewohner zu verlassen und nach Amerika oder Kanada auszuwandern. Eduard hingegen schwärmte von seiner Idee, ganz weit nach oben zu wandern, seine Panoramakamera auf die Jungfrau zu stellen und mit seiner Fotografie alle Welt zu begeistern. Es war eine Liebe ohne viel Aussichten, die Eine wollte in die Ferne, der Andere in die Höhe. Dennoch, auf langen Spaziergängen und im Zuge vieler Zusammenkünfte kamen sich die beiden näher und wurden enge Vertraute.

„Am besten ich besteige die Jungfrau von der Nordseite! So, wie wir sie kennen und von Wengen aus sehen!" meinte Eduard zu Lydia. „Du bist wohl verrückt geworden, Edi, das schafft du nie, das schafft kein Mensch, niemals." Es war Sonntagnachmittag, strahlendes Wetter und die beiden hatten nach dem Besuch in der Kirche gemeinsam einen Spaziergang nach ganz oben auf die Wengeneralp unternommen. Lydia hatte ihr langes braunes Haar nach oben gebunden, trug ein langes blaues Kleid, einen gestickten Schal gegen den Wind und die Kälte, ihr schlanker schöner Körper im Korsett, nur das gute Schuhwerk liess erahnen, dass man zu Berg ging und nicht zum Tanzabend mit Klavierbegleitung im Hotel Falken. Eduard hatte kurz geschnittenes, nach hinten gekämmtes Haar trug seinen Sonntagsanzug, einen Baumwollkittel und eine gelb gestreifte Krawatte. Nach einem zweistündigen Weg standen die beiden, so nah es nur ging, am Fusse der anmutigen Jungfrau. Sie schauten nach oben, geblendet von der spätherbstlichen Mittagssonne, als Lydia das Wort ergriff: „Stell dir vor, Edi, neuerdings gibt es eine neue Route auf die Jungfrau. Fritz von Almen hat im letzten Monat von Lauterbrunnen aus, zusammen mit vier Bergsteigern aus Wengen, die Jungfrau bestiegen. Über den Inneren Rottalgrat. Karl Schlunegger war auch mit dabei – du kennst ihn ja, besuche ihn, er wird dir die Route im Detail beschreiben." Sie setzten sich auf einen Stein, machten es sich gemütlich, assen ihren Proviant und Lydia erzählte wieder einmal von Amerika, ihrem grossen Traum, während Eduard von ganz oben träumte. „Den Schatz am Silbersee und andere Karl-May-Geschichten habe ich gelesen und Fotografien aus New York gesehen, es ist so faszinierend, Edi. Da will ich hin, ich will nicht weiter hier bleiben, was kümmern mich der ewige Schnee und die vielen wohlbetuchten Gäste? Besucher aus aller Welt besiedeln jetzt unsere Dörfer, aber den Bauern, denen geht es dennoch nicht besser, sie nagen noch immer am Hungertuch. In Basel gibt es eine Auswanderungsstelle, Rommel und Co., und in Interlaken einen Sektionschef, zudem war diesen Sommer ein junger und eleganter Herr zu Gast in unserem Hotel. Ein Makler oder etwas ähnliches, ein Samuel Roosevelt. Er wolle mich in die Gesellschaft einführen, ich solle nur kommen. Komm mit, Eduard, die Zukunft liegt auf der anderen Seite des Atlantiks!"

2. August 1896. 4000 Meter Höhe, Jungfraufirn, am oberen Aletschgletscher. Der Sturm hatte nachgelassen. Die drei Wagemutigen bauten das Zelt ab, bestaunten noch einmal die Jungfrau, die sie gestern bezwungen hatten und machten sich bereit für den Weg zurück ins Tal. Über den Konkordiaplatz und den Aletschgletscher nach Fiesch, dann über den Grimsel und die Grosse und Kleine Scheidegg zurück nach Wengen. Als Grossvater Presser in Wengen ankam, ereilte ihn sogleich eine zweite Enttäuschung: Lydia hatte ebenso wie er ihren Traum verwirklicht und sich auf den Weg nach Amerika gemacht. Aus den Tagebucheinträgen Eduard Pressers aus jener Zeit ist zu vernehmen, dass ihn der Weggang seiner Gefährtin traurig stimmte und dass im Hotel Falken ein Abschiedsbrief von Lydia auf ihn wartete. Eduard trug es mit Fassung und wünschte ihr von Herzen alles Gute und hoffte auf ein Wiedersehen in naher oder ferner Zukunft. Ein Wunsch, der nie in Erfüllung ging. Mit Lydias Abreise fand für Eduard die Episode Wengen ihren Abschluss. Er ging wieder zu Berg. Nicht mehr auf die Gipfel, aber er schloss sich dem Bau der Jungfraubahn an.

Bei einem Bankett im Hotel Bellevue auf der Kleinen Scheidegg hatte Eduard den Initianten und Erbauer der geplanten Jungfraubahn Adolf Guyer-Zeller kennengelernt. Eduard erzählte ihm enthusiastisch und detailliert von seiner neusten fotografischen Arbeit: Seit seinem Aufenthalt im Jungfraugebiet habe er in den kalten Winternächten unter dem Mikroskop, dank einem selbsterfundenen Nahaufnahmesystem, Schneeflocken fotografiert und eine unglaubliche Entdeckung gemacht. Er habe die Flocken miteinander verglichen, studiert, geforscht und weitere Experimente unternommen. Er schloss seine weitausgeholte Erzählung und meinte zu Guyer: „Sie können sich nicht vorstellen, sehr geehrter Herr, keine Schneeflocke gleicht der nächsten oder der vorherigen. Ist das nicht ein Wunder?!" Adolf Guyer-Zeller war begeistert von dem jungen Mann und offerierte Eduard Presser eine Anstellung. Als Vermesser und Fotograf. Eduard nahm das Angebot an. Eine Bahn durch den Eiger, den Mönch, bis zu seinem Lieblingsberg, der Jungfrau?! Verrückt, riskant, aber machbar, dachte er bei sich.

Eduard arbeitete drei Jahre bei der Bahn. Das Leben war hart, die Arbeit anstrengend, Abwechslung gab es nur wenig. Vorerst lebte man in Zelten, dann in Arbeiterbaracken. Im Winter war es kalt, man fror, aber die Stimmung war gut. Die Arbeiter stammten fast ausnahmslos aus Italien und die Arbeiten kamen, vor allem anfangs, gut voran. Bis zum 26. Februar 1899, einem heiligen Sonntag. Bei einer Dynamitexplosion kamen sechs Italiener ums Leben. Einer davon war Giovanni aus Palermo, ein enger Freund und Gefährte Eduards. „Eine Strafe Gottes!", man habe die Sonntagsruhe nicht beachtet, hiess es. Einer aus dem Unterland, aus Zürich, habe ein grosses Loch in die Dreiheiligkeit gebohrt, murmelte man da und dort im Tal. Man störe die Berggeister, und das könne nur von Unheil begleitet sein. Strafe Gottes und Sonntagsruhe hin oder her, am folgenden Montag quittierte Eduard Presser seinen Dienst. Was ihn ebenso schmerzte wie Gottes Strafe war das Folgende: Bei der Explosion waren seine fotografischen Geräte und alle belichteten Glasplatten vernichtet worden. Nur zwei Fotografien waren ihm geblieben. Ein Panoramabild von Peter Baumann und Johannes Lauener, am 3. August 1896 gemacht, nach dem Abstieg vom Gipfel auf dem Aletschgletscher. Und eine Fotografie von ihm selbst, auf dem Aletschgletscher, fotografiert von Lydia von Allmen.

Von den Hamburger Zimmerleuten hatte Eduard gelernt weiterzuziehen, wenn etwas nicht mehr stimmt. „Das Leben ist zu kurz, um immer am gleichen Ort zu verweilen. Wenn dir etwas nicht mehr passt, Eduard, nimm deinen Hut und zieh weiter!" Eduard hatte sich diese Lebensweisheit zu eigen gemacht, er zog weiter, wenn auch schweren Herzens. Er kam allerdings nicht sehr weit. Nur bis Grindelwald. Dort war zu jener Zeit mit Wasser und Eis viel Geld zu verdienen. Das geschmolzene, von den Gletschern abfliessende Wasser sei das köstlichste und gesundeste unter allen Wassern des Schweitzerlandes, wurde damals behauptet. Das Gletscherwasser wurde in Flaschen abgefüllt und als Kraftwasser veräussert. Seit 1746, als ein gewisser Johann Jakob Scheuchzer die frohe Kunde vom gesündesten aller Wasser verbreitete und es gegen Fieber, Erbrechen, Entzündungen, Kopfschmerzen, Erbrechen und viele andere Leibesgebrechen empfahl. Der Gletscher-Spiritus aus Grindelwald begann seinen Siegeszug bis hinunter ins Tal sowie bis zur Hauptstadt Bern und zu den Patriziern, um der Vielzahl ihrer Gebrechen entgegenzuwirken. Ebenso gefragt, aber weniger infrage gestellt war das Eis. Am Grossen und Kleinen Grindelwaldgletscher wurden grosse Mengen Eis abgebaut, grosse Eisblöcke wurden auf Eisenbahnwagen verladen und in europäische Städte mit grossem Eisverbrauch transportiert. Nach Paris, Wien und Basel. Die grössten Abnehmer, so entnimmt man damaligen Lieferberichten, waren Spitäler, Hotels und Lebensmittelhändler. Eduard verdingte sich noch einige Jahre mit Eis- und Wasserexport, bis abermals die Zeit gekommen war weiterzuziehen.

Während seiner Zeit als Eisexteur, der weiterhin grosse Wanderungen in hochalpinen Gefilden unternahm, hatte er verschiedene Male in Basel zu tun. Es gefiel ihm dort und eines Tages kehrte er nicht mehr ins Hochgebirge zurück. Und so ist es geblieben. Später arbeitete er als Direktor einer Bierbrauerei, heiratete Emilie Herter, eine schöne Baslerin und hatte drei Kinder mit ihr. Margi, Mimi und Werner. Ich selbst stamme von Werner Presser ab. Es wird behauptet, die Liebe zur Fotografie und zum Abenteuer hätte ich von Eduard geerbt. Nach Wengen fuhr die Familie nur noch ferienhalber, aber der Mythos vom Eduard auf dem Jungfraugipfel blieb bestehen.

*Beat Presser, Wengen, 5. Oktober 2013*

## AQUA

On 1 August 1896 my grandfather had a bad experience. Eduard Presser stood on top of the Jungfrau, exhausted and freezing. The water, which he had dragged up the mountain to use to develop the pictures taken with his panoramic camera, had solidified to ice. It shot into Eduard's head that it had all been in vain! It made him forget the wonderful view before him, of the Aletsch glacier, Finsteraahorn, Eiger, Mönch, Aletschhorn – the entire alpine panorama.

Eduard Presser and his two companions, the mountain guide Peter Baumann from Grindelwald and the gemstone prospector and shepherd Johannes Lauener from Lauterbrunnen, had been on their way to the summit for three days. The three young men had already camped out for two nights. Only with incredible effort had the three succeeded in heaving Eduard's entire equipment up the 4158m high Jungfrau. In those days, photography was still a complex and difficult affair. The photographer had to be careful, knowlegeable and ready for experimentation as well as having the technical knowhow. The glass plates had to be coated with an emulsion, quickly inserted into the camera, and then exposed. This procedure had to be done fast, in contrast to the long exposure time required, which was necessary due to photographic emulsions not being very sensitive in the 19th century. The photographs had to be developed on the spot; therefore sulfates, acids and other chemicals were needed and also had to be taken up the mountain. And of course water! It was indispensable for the photographic process at that time.

31 July, eleven o'clock at night. Only a few hours left to the summit. The night crystal clear, the sky full of stars. What would it be like? Up there, where only very few had been before them. On top of the Jungfrau, which had seemed invincible at the beginning of the century. They wanted to have proof of being on top and Eduard also wanted to return back down to the valley with a panoramic picture. The photograph would show a view nobody in the world had seen before. And they also wanted to get back down to the valley in one piece. Only a few years before, in the year 1887, a climbing party encountered a storm and got lost. All six mountaineers had fallen to their deaths.

At the beginning of the 19th century Johann Rudolf and Hieronymus Meyer had had more luck. They were the sons of the successful and wealthy silk ribbon manufacturer Rudolf Meyer from Aarau. A man who was very interested in the sciences and in geography, who had comissioned the first relief of Switzerland made out of papier maché, and pubished a first atlas of Switzerland. Rudolf and Hieronymus Meyer had succeeded as the first to penetrate into the unknown heights and crags in order to gaze down from the Jungfrau into the valley. The way to the Jungfrau was long and arduous. The high mountain ranges were largely unknown and unexplored. Nobody knew the way, nobody wanted to go up there. Only the prospectors and mountain-buck hunters knew at the time that enormous glaciers existed high up in the mountains. Details of the geography of the valleys, the summits and the nature and size of the glaciers were hardly known. The journey to reach the mountains and the climb up to the peaks was highly dangerous and carried great risk. The brothers Meyer, their servants and the porter Kaspar Huber from Guttannen decided to make their daring attempt on the Jungfrau from the south. They started in Aarau on foot and went over the Grimselpass and through the Rhonetal to Fiesch in the canton of Wallis. From there they traversed the Aletsch glacier and moved along the Oberaletsch glacier, over the Beichpass to the Lötschental. There the servants decided to end the journey out of fear for the unknown ahead. The local mountain-buck hunters Alois Volker and Joseph Bortis, who knew he mountains well, then joined the party. East of the Lötschenlücke on the Aletsch glacier, at more than 3000m, the party of five camped for two days to explore the area. They were equipped with long hemp ropes, climbing irons, pickaxes, and provisions as well as a six meter wodden ladder that could be dismantled into pieces, in order to bridge the glacier crevasses and other difficult parts in the eternal ice. On 3 August 1811 the day had come. The five daring and fearless men stood on the summit: ice, glaciers and mountains as far the eye could see. However on their return back down to the valley nobody believed them. The flag left on the summit had been kidnapped by the wind. The Jungfrau was still virginal, and would remain so for many years to come.

75 years later. On the way to the summit. Eduard loved neither flags nor banners, and hadn't brought along either. But he had brought his photographic equipment. Was

there a better proof that he had gone all the way to the top than a photograph? This was already Eduard's fourth expedition to the Jungfrau. Now he stood right on top, the water frozen, the Jungfrau panoramic summit photo remained impossible. What a personal tragedy, what a loss, after all the hardship. The fingers, the back, the head hurt. Eduard looked down into the deep valley, then to the heavens. Black clouds darkened the sky, giving him concern. Wists of fog moved from the Eiger to the Jungfrau. It was out of the question to remain on the summit to thaw the ice. Peter Baumann, his faithful friend and companion urged the descent. Quickly they went on their way. The way down to the valley was difficult and arduous. Wind and ice grains, the result of walking into a hail and thunderstorm, hurt the faces of the three adventurers. And the temperature continued to plummet. The more the fog thickened, the more the mountaineers ran the risk of getting lost and becoming disoriented. At about a hundred meters below the summit, Johannes Lauener suggested they halt there. To continue would be too dangerous! They put up their tent and anchored it as well as they could. They weighted down corners and ends, then made themselves comfortable in the small tent. Hasli(? Wrong name) was right, a fearsome storm raged over the glacier for the rest of that day and the following night. Many years later Eduard Presser would say that Johannes the gemstone prospector and shepherd from Lauterbrunnen had saved their lives. Unknown to him at the time, the journey to the Jungfrau was to be my grandfather's last great expedition into the high mountains. The enormous storm and the fiasco with the frozen water would once and for all sap Eduard's enthusiasm for mountain climbing. His interest in ice however had grown through this experience.

For now, Johannes Lauener, Peter Baumann and Eduard Presser remained in the small tent. They talked about the climb to the summit and the dangers they had together escaped. Their shelter was narrow – the photography equipment took most of the space. They ate the little remaining food, a few apples, half a loaf of bread and a piece of cheese, and goaded Eduard about his mistake with the frozen water. It annoyed him that the water had frozen. He had studied geography at Vienna University and had taken a keen interest in the new subject of glaciology. While descending, just below the summit it had shot into his head: Why didn't you carry the water near the body? He should have known that in these temperatures, at such an altitude the water would turn into ice and not the other way round.

Outside the storm howled, and an icy wind blew through the thin tent. Eduard Presser didn't mind, he would continue to occupy himself with photography. He was not one to dwell on regret, definitely not when his photographic successes and failures were concerned. The photography was still young and unexplored. There were infinite possibilities to experiment and much to discover. If something went wrong, that was the nature of the thing. "Oh well", he said to his two co-climbers. In the tent in the perpetual snow of the Jungfrau, they had already turned to different topics: Who were the first people in the Alps? Who first dared to penetrate the great heights? Had anyone been here before them? Who was in the valley, and who on the mountain? How long ago? Would there ever be an answer to these questions?

"The original population, those people who first settled the mountain valleys, were us, the shepherds and hunters", Johannes said. "Nobody else dared to come so far up, where there is nothing but rubble, stones, snow, glaciers; where the eternal snow and the eternal ice are to be found. We were the first to cross the Alpine ranges, climbing their majestic mountains, and later we gradually settled there. This became our abode, here, high up. Thousands of years ago, it must have been. A hard life, full of want and hardship. But there were rich hunting grounds: bears, ibex, roe-deer, stags, wild pigs, foxes, wolves. With bows and arrows or crossbows we hunted these proud animals to make a living and nourish our families. It is such a beautiful place: the powerful mountains, with water in abundance. The commercial travellers started to arrive much later, from the south and the north, from the west and the east. They walked on our paths and trails, over the few easily accessible mountain passes. They were arduous, adventurous and laborious travels. The intention of the travellers in those days was just to get from one side of the Alps to the other. The highest peaks and the summits, such as the Jungfrau, which we summited today, were never their destination. And the journeys through the mountains were dangerous, with many traders attacked by robbers and their goods taken, and some of them lost forever in the unknown wilderness of the mountains."

"What would travellers have wanted up there? In the eternal ice, the cold, the inhospitableness, on top of the Eiger, Mönch and the Jungfrau?" Alois continued: "For us, the original people, the alpine people, the people of nature and the mountain inhabitants, these unattainable heights were shrouded in legends. The mountains were, our ancestors believed, a place of residence for celestial creatures, mysterious forces, gods and divine beings. These beliefs all fitted marvellously into the magical concepts of our ancestors' world. Generations ago, the images and knowledge of the mountain world were still very vague. The mountains and the alpine peaks were not known nor named then, and the glaciers completely mysterious. People imagined a wondrous mountainous world of wild and giant creatures, moving around in the high alpine valleys. And so for a long time the mountains were avoided. The inhospitable landscape, as well as the tales of giants, dwarfs, dragons, evil spirits and witches, who were thought to dance on the glaciers, contributed to the fear. For a long time we lived isolated and separated from the rest of the world up here in the mountains. Then the commercial travellers arrived and later the scholars, mathematicians, poets, botanists, researchers, mountaineers, mineralogists, physicists, geographers and the alpinists. Besides, rumours have sprung up that soon a train will be built to the Jungfrau, running through the Eiger. Imagine this! "Alois looked at the small freezing group and exclaimed laughing: "And imagine this, recently even a photographer came to the valley and turned water to ice, right on top on the summit." They laughed, drank the milk they still had and went to sleep. Eduard lay awake for a long time. He had been right to the top and had nevertheless failed. Successfully failed. What now? He couldn't get the ice out of his mind. In Grindelwald he had seen that ice was boxed and exported to the world. He wanted to explore that. Or was it better to ask for Lydia's hand? Or even to emigrate to America? At last sleep overcame him. Outside the storm raged and it was cold and damp. But the tent, it held.

Eduard Presser originally came from Secul, a small mountain village at the foot of the Carpathian Mountains in the former Austrian-Hungarian Empire. There, coal was mined, in the name of the Austrian Emperor and the Apostolic Hungarian King. The work was hard down in the mines. The yield was small, the people poor. In Secul the people fought to survive. Maria Josephia had two daughters, Alexandra and Marina, and a son, Eduard, the protagonist of this story. Her husband, Andrey Vladowitch was originally from the Siberian steppes and had one day, completely without means, unexpectedly arrived in Secul, along with his brother Igor. He was industrious, charming and amusing, and good with his hands, but was considered as somewhat careless and bent on adventure. Risk and fear were foreign words for the tall man from Siberia, who after weeks and months on foot had found a way to Secul with his brother. If he was asked what had made him stop in Secul, of all places, then his answer was clear and always the same: "Because of Maria Josephia Presser naturally, why else could it be!" Maria Josephia and Andrey fell in love – love at first sight – Eduard told this story again and again in every detail. Together the two opened "The Large Ivan", a clean and well kept eight room inn. The wood and stone house offered travellers and messengers from Budapest and Vienna lodging and food, and the income helped to keep their small family afloat. When gradually other guest houses opened in the village and their income diminished more and more, Andrey and Igor decided to temporarily leave their Carpathian home and try their luck elsewhere in order to feed their loved ones. The family stayed in Secul, while the two men went to sea. On sail and later steam ships they were seamen in the name and service of the Austrian merchant navy. They travelled from Trieste, a free port at the time, through the Suez channel, to Aden, and the Orient, crossing the Indian Ocean to Asia and through the Malaccan Straight to Singapore. Only Igor returned a wealthy man years later; the travels had brought him good fortune and wealth. In Burma and Siam he had started to deal in jewels as a sideline. Andrej, Eduard's father had been less fortunate, he had died in an assault by Malay pirates in the Straight of Malacca. The particulars of the incident remained unknown, nobody knew any details. The pirates boarded the ship, looted and set it on fire. Nothing else was known; not even Igor, who served on another ship at the time knew any more. When the misfortune happened between Sumatra and Malaysia, the ship where he served as First Officer was just arriving in Bombay. When Igor learned of the death of his brother six months later, he quit his employment and returned to Secul.

Meanwhile Eduard had turned 15, spoke German, Hungarian and Russian, and, owing to an Oxford English Dictionary a guest had left in the inn of his parents, he had taught himself good knowledge of the English language. He liked going to school, was interested in history and geography and read every book he could lay his hands on. Many guests passed through his mother's inn, and told him about the world, which aroused the interest of the young scholar, as he was teasingly known at home by his two older sisters. When not studying his books, he spent time in the Carpathian Mountains, on foot, in winter and in summer. The news of Andrey's unfortunate death had already arrived in the village when Igor stood again, one early morning, at the door of his sister-in-law's inn. That evening they sat together and discussed what to do next, the future of the children and the inn. Eduard would be sent to the University of Vienna, in order to deepen his knowledge and further his abilities. The oldest daughter would move to the village of her fiancé Tarova, and Anna-Maria would keep helping to run her mother's inn. Igor would, after a reasonable time of mourning, marry Maria Josephia. A few years later they would retire in Trieste – there were sufficient savings from Igor's jewel trade to do so – and watch the ships sail into the far world.

So in the spring of 1891 Eduard travelled to Vienna, first by horse car, then by railway. "A locomotive, what an achievement, what a technical accomplishment. New times had begun: what progress. Now me, Eduard, too, I am part of the industrialized society". Modern humans will overcome their constraints, he thought looking out of the window, seeing the fascinating spring landscape in bloom pass by. Vienna was overwhelming, so different from Secul, so big, so magnificent. Who would have thought that a place like this could exist; the buildings, the squares, the avenues, the traffic, the fast pace of life and the clothes of the people. Incredible! Thanks to a family friend who had repeatedly stayed in his parent's inn in Secul, Eduard was accepted for study at the University of Vienna and found a place to stay in an attic room of a majestic house. He studied natural sciences and occupied himself right from the beginning of his studies with glaciology, the science of ice and glaciers. This was a new speciality within the field of geography. Eduard was interested and fascinated by the emergence, the spreading, and the effect of the ice and the glaciers. How and why a glacier grew and why it shrank again, the effects of the ice ages, the short and the long one. All this became his world and the focus of his research. When Eduard Presser heard during the course of his studies that a Swiss alpine club had been founded, he resolved that after Vienna he would continue the practical part of his studies in Switzerland. This alpine club was dedicated to the discovery and study of the Alps, as well as the dissemination of alpine knowledge and the promotion of mountain climbing.

At roughly the same time Eduard discovered a totally different interest. A field of activity which would accompany him his whole life: photography. Karl Schwarzschild, a fellow student and friend of Eduard's invited him to an annual meeting of the photographic society. The society wanted to develop new techniques, refine them and make photography more popular. There was also a special library for the topic of photography, consisting of books, publications and magazines. Eduard bought a camera and joined the society. He took photographs, studied and made experiments. No matter whether old or new techniques, chemical or physical achievements, he wanted to acquire the necessary knowledge. The idea of capturing one moment for eternity fascinated him. Was there anything more magnificent?

He didn't know a lot about Switzerland when he started his journey on foot in the winter of 1895; from Vienna to the land of the Alps and the eternal snow. He wanted to explore the land, to expose a few glass plates with snow landscapes on the way, and wander towards Switzerland in slow steps. The walk would give him the necessary strength and muscles to climb to the summits of the mountains later. This is what he said to all those who would have been more than ready to buy the good natured and friendly young Eduard a train ticket. To briefly mention a further characteristic of my grandfather: When Eduard Presser made up his mind to do something, there was nothing and nobody who could have stopped him. His desire to see and discover new things knew no boundaries.

At the border near Schaffhausen, he stopped at the Rhine Falls in order to take two or three photographs. Here, he had read, was an enormous waterfall, the size of which exceeded all imagination. Twice in history, efforts had been made to make the Rhine navigable from the Bodensee to the sea. In 1662 Dutch trades-people wanted to blow up the massive rock and in 1817 an underground canal was to be built that would have destroyed the Rhine Falls. What a stupid idea, Eduard thought, and pushed the button of his camera to begin a 24 minute exposure. He slept at Johann Waldmeier's house, a rafts-man with whom he had become acquainted and who offered to take him along to Basel. The rafts-man tied a large consignment of wood together to make the raft, with the intention to sell wood on the way. "Basel, you will like it there", he told the young traveller: "There you will find good wine and beautiful women. It is a medieval city with a university. You will also find work there, as a geographer or photographer! "

"I want to go to the Teufelsbruecke and to the Jungfrau", Eduard joked, before they lit a pipe with fine Cuban tobacco brought from Vienna, sitting in front of the raftman's hut at the foot of the waterfall. "Be careful Eduard, that bridge is the work of the devil!" Johann Waldmeier reminded him. "It has been a long time since the Walser began to settle in that area of the mountains in order to conquer river Reuss. They wanted to get to the fertile plateau and needed a bridge over the deep Schöllenen ravine. An almost impassable, steeply sloping and dangerous path, which only the devil knows to negotiate! Thus the Urner people made a pact with the devil. The Urner wanted a bridge, the devil wanted the first person crossing the bridge. And what did the smart Eidgenossen do?" the rafts-man asked the naïve Eduard? "They sent a wild billy-goat over the impressive bridge. The devil, mad with rage, tore the poor animal to pieces and took to destroying the bridge with a large rock. But an old woman stood in front of him, with a cross and some holy water, which she threw it into the devil's face. Since that day nobody has seen the devil around there. "

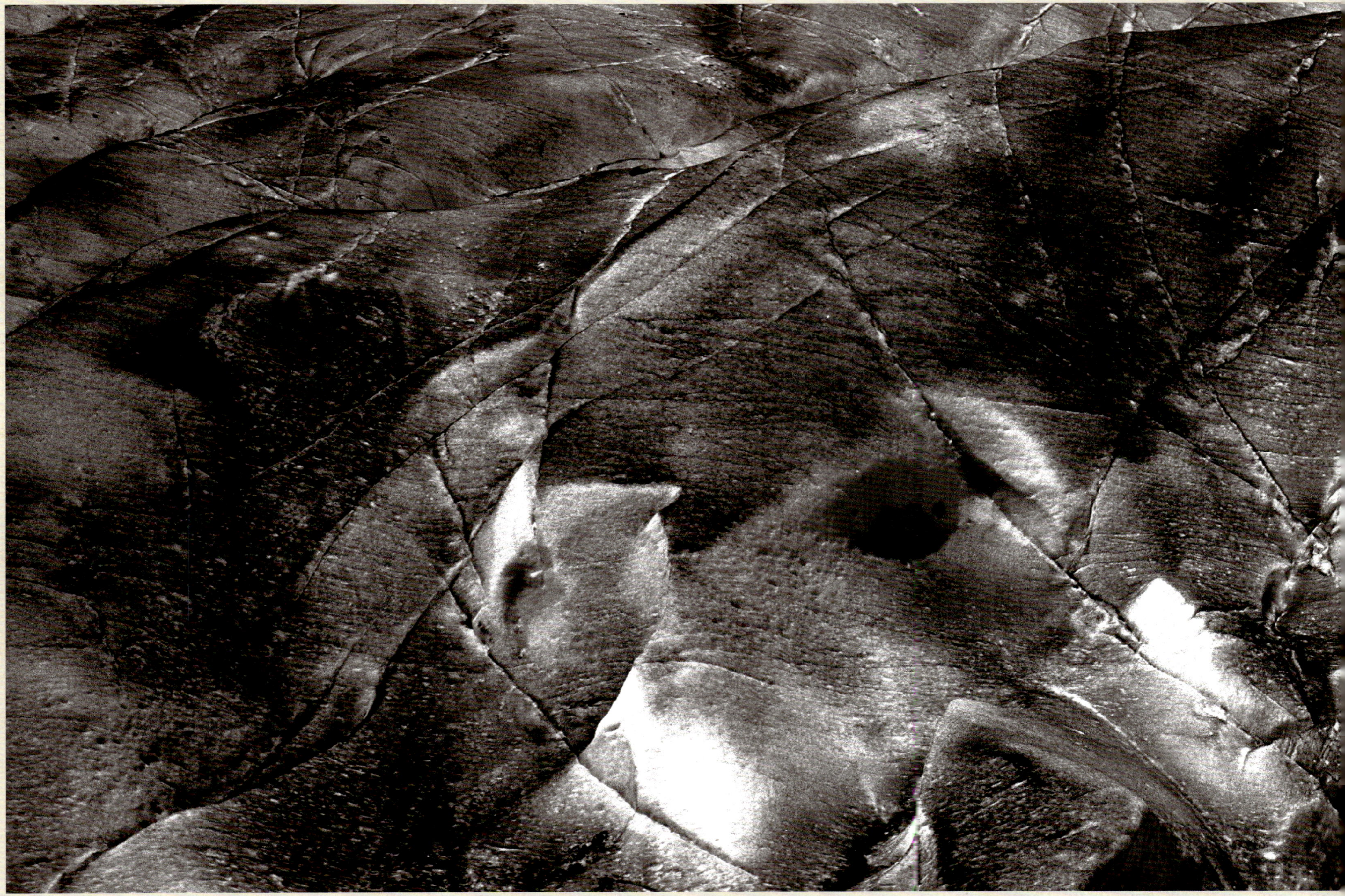

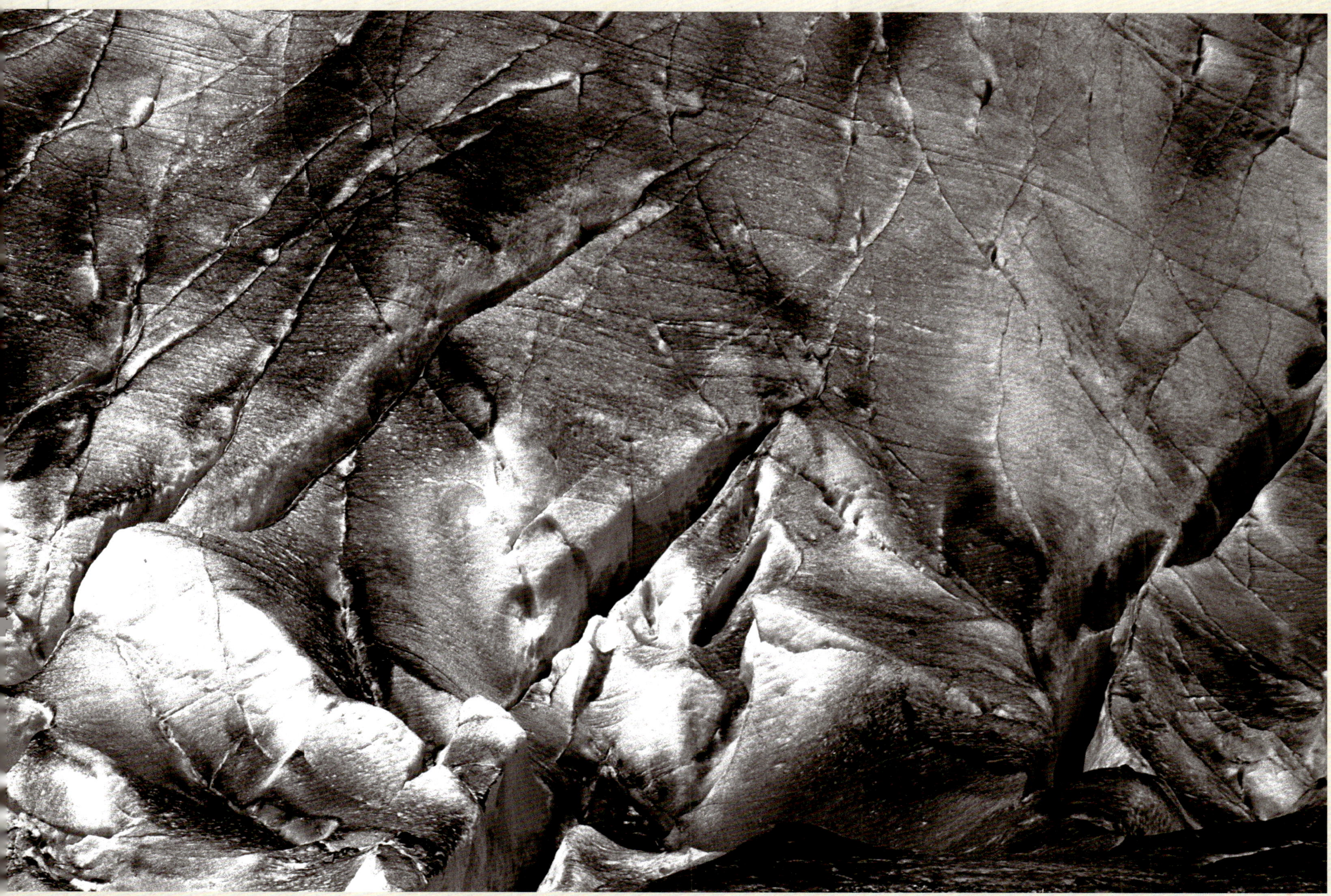

"However take care Eduard, devil or no devil, the Reuss, up there, is a very dangerous river!" The Rhine however was less dangerous. Timber transportation on the river was an ancient trade and a lucrative business. Forests were decimated, as wood was used everywhere. For shipbuilding and the construction of houses, as firewood, for bridges, churches, towers, mines and for the railway; industrialization required raw materials. There was also space for other merchandise on the raft that could be sold along the way, or transported from one place to another. The roads were still bad at that time, many areas hard to travel in and dangerous and the railway network was only just beginning to develop. The river however was an ideal and economical route of transportation. The journey down the river on the Rhine by raft was comfortable, without many incidents. In Basel Eduard said goodbye to the rafts-man, and set about visiting the city, with its humanistic tradition, the university, and the holy place of the Celts near the Tüllinger Hill. Then he went on to the mountains, not knowing that he would later start a family in Basel and stay to the end of his life at the knee/bend of the Rhine.

By now Spring had arrived; the farmers worked their fields, planted vegetables and fruit and carried the produce to sell on the market. Eduard photographed them at work, walking from village to village, making friends with some carpenters from Hamburg, with whom he rambled and roamed towards the central part of the country. He avoided the Schöllenen ravine – he had no desire to meet the devil. Here and there he helped the carpenters with their work or listened to their singing. After a few weeks he parted from them and walked on to Lauterbrunnen. There he took the newly opened narrow gauge railway and rode up to Wengen, from where steep mountains soared, and the Jungfrau proudly looked down to him. Eduard smiled and said to himself with a sly grin: "One day I will visit you!"

In 1771, the then theology student and future minister Jakob Samuel Wyttenbach, fascinated by the glaciers, went hiking with friends, from Lauterbrunnen over the small and large Scheidegg mountains to Meiringen. Back down in the valley he wrote a short travel guide based on this journey in which he described "the strangest alpine areas". In Berne, he created a nature research society with like-minded friends and undertook study trips in the Bernese countryside with the painter Caspar Wolf. Above all, one question kept the minister busy – where had the boulders that lay scattered about in the alpine region come from? Were the boulders really enormous stone lumps spat out by volcanoes or was it possible they were leftovers from the biblical flood? The report had an enormous effect on his contemporaries, inspiring a great wave of enthusiasm for the mountains.

There were enterprises before to discover, investigate and conquer the Alps. Hannibal had crossed the western Alps in 218 BC, along with 100,000 soldiers, 6,000 horseman and 37 elephants. The Romans, the Ligurians, the Gauls, and the Celts either had some knowledge of the Alps or had crossed them. From 1511 onwards the painter, scholar and researcher Leonardo da Vinci undertook journeys to the highlands in order to measure the height of the mountains, investigate their structure and soil as well as the laws of physics. The physician, natural scientist, botanist and scholar Conrad Gesner tried in the 16th century to bring the mountain world closer to his contemporaries. He decided to travel to the mountains every year in order to climb a different summit, to examine the mountain flora, and to pursue a noble form of exercising the body. But the appreciation of the Alps, the exploration and naming of the mountain peaks, advanced only slowly, and largely due to the initiative of just a few individuals. On medieval maps of the world the Alps and the mountains played a subordinate role. Only some names, bar-like lines and adventurous figures marked the Alpine ridge. The veil that had covered the high Alps since the beginning of time even thickened in the 17th century. This was due to strict religious laws and the lack of scientific education at the time. The art of reading and knowledge was reserved for the privileged only. The summits in the high mountains, so the legend went, were where purgatory could be found, inhabited only by terrible monsters.

Albrecht von Haller, a botanist, physician and poet from Berne, helped to lift the veil. His didactic poems received a lot of attention. In 1728 he told his contemporaries to go hiking and to admire Mother Nature and her doing. The travel writing and poems of Johann Wolfgang Goethe also played their part. 'The human soul is like the water, it comes from the sky and to the sky it rises', as written in Goethe's 1770 poem about the Staubbach Falls in Lauterbrunnen. The title "Song of the Spirits above the Water", still makes us think of the fear people in those days had of the inhospitable and unknown mountains. Nevertheless, those living in the valleys gradually began to shake off their fears and they started to ascend the mountains. Slowly but steadily. Step by step. Mountain for mountain. The British helped things along. After they had acquired much of the world by sea and secured their colonies not much remained to be conquered; only the mountains and their summits.

And where were the mountains closer than in Switzerland? It was the Englishman Edward Whymper who proved in the middle of the 19th century that the highest Swiss summits were assailable, causeing much excitement and controversy. On 14 July 1865 Whymper and four partially inexperienced mountain climbers, as well as the two guides Peter Taugwalder and Peter Taugwalder jr. from Zermatt, stood on top of the Matterhorn. The mountain spirits however did not mean well for their conquerors, they were enraged. Descending, four of the English conquerors of the Mattehorn fell to their deaths. Only Whymper and both the Taugwalders survived the tragedy. But mountaineering, the exploration of the remote valleys and their summits, as well as other winter sports, had taken their first steps. The already existing trains from Interlaken to Grindelwald, Wengen and the small Scheidegg, as well as the planned development of a train to the Jungfrau, quickened the imaginations of the people of that time. But not everyone was inspired by all these innovations. Forests had to be cut down, there was heightened danger of snow or rubble avalanches, and some voices in parliament in Berne said that a tunnel through the Eiger, Monch and Jungfrau would be blasphemy.

Eduard lit his pipe and looked up towards the Jungfrau. Since his youth in the Carpathian mountains he had not seen anything like it, or more exactly, never ever! He was fascinated and delighted by the mountains and summits that surrounded him, enraptured by such a landscape. Besides, up there in Wengen, luxurious and distinguished palaces had sprung up since the Wengereralp train had opened on 20 June 1893. When Eduard arrived in the late summer of 1895 in Wengen with a small bundle, two suit-cases full of exposed glass plates, photo equipment and some books, there were already four large hotels. In the hotels Silberhorn, Mittagshorn, Alpenrose and Falken the noble and rich of the world rested and delighted in the view of the Jungfrau. From there, visitors from the lowlands or from far away ventured on excursions into higher mountain areas, accompanied by servants and local guides. Eduard liked the hotel Falken the best. Whenever possible he spent his free time there. It had a very special atmosphere, the flair, the furniture, the guests and the piano player reminded him of Vienna and the photographic society there. He was reminded of the balls, the dance evenings, the theatre and concerts. There were other reasons as well, it was not only the majestic view of the Jungfrau, the healthy mountain air and the night sky full of stars. He was also smitten with something else. At his first visit to the veranda of the hotel Falken, Eduard made the acquaintance of Lydia of Allmen, the owner's daughter. The relationship of the two was cordial and deep, but eventually an unhappy one. The beautiful 21 year old virgin told Eduard of her dream to leave the narrow valley with its poor inhabitants and emigrate to America or Canada. Eduard however dreamt of climbing high up in the mountains, of putting his panoramic camera on to the top of the Jungfrau and of inspiring the whole world with his photography. A love without much prospect; one wanted to go far away, the other one high up. Nevertheless, on long walks and many dates the two got closer and became very good friends.

"The north side seems the best way to climb the Jungfrau! The side we know and look at from Wengen!" Eduard said to Lydia. "You must have lost your mind Edi, you will never succeed, no human will, ever". It was a Sunday afternoon of glorious weather, and the two had, after church, walked right to the top of the Wengeneralp together. Lydia had put her long brown hair up, wore a long blue dress, a knitted scarf against the wind and the cold, her slim beautiful body in a corset. Only the heavy footwear showed that they were hiking and not going to a dance evening with piano music in the Hotel Falken. Eduard had combed back his short hair, wore his Sunday suit, a cotton smock and a tie with yellow stripes. After a two-hour walk the two stood as close as it was possible, at the foot of the graceful Jungfrau. They looked upward, dazzled from the late autumn sun. Lydia seized the moment: "Edi, just imagine, now there is a new route to the Jungfrau. Fritz von Almen climbed the Jungfrau from Lauterbrunnen last month, along with four mountaineers from Wengen. They went over the inner Rottalgrat. Karl Schlunegger was also one of the group. You know him; you should visit him and he will describe the route in detail to you." They sat on a stone, made themselves comfortable, ate their provisions and Lydia once again started talking of America, of her dream, while Eduard dreamed of the mountain peak. "I read The Treasure of the Silver Lake and other Karl May stories and saw photographs of New York, it is so fascinating, Edi. I want to go there, I don't want to stay here any longer, what do I care about the eternal snow and the many affluent guests? Visitors from all over the world now come to our villages, but the farmers, they are nevertheless not better off, they are still hungry. In Basel there is an emigration office, Rommel and Co. and they have a district office in Interlaken. In addition, this summer a young and elegant gentleman was a guest in our hotel; a broker or something, a man called Samuel Roosevelt. He wants to introduce me to society. All I have to do is get there. Eduard, the future lies on the other side of the Atlantic!"

2 August 1896, 4000m above sea level, in the perpetual snow of the Jungfrau, at the upper Aletsch glacier. The storm had diminished. The three daring men took down

the tent, once again admired the Jungfrau, which they had defeated the day before, and then got ready for the way back down the valley. Past the Konkordiaplatz and the Aletsch glacier to Fiesch, then over the Grimsel pass and the large and small Scheidegg mountains back to Wengen. When grandfather Presser arrived back in Wengen, he immediately suffered a second disappointment: Lydia had, just like Eduard, followed her dream and was on her way to America. From Eduard Presser's diary entries at the time, we learn that the departure of his companion made him sad and that a farewell letter from Lydia was waiting for him in the Hotel Falken. Eduard remained calm and collected, wished her all the best from the bottom of his heart, and hoped to sooner or later see her again. A desire which never came true. With Lydia's departure the Wengen period came to an end for Eduard. He was to return to the mountain – not to the summits anymore, but to work on the construction of the Jungfrau railway.

At a banquet in the Hotel Bellevue on the small Scheidegg, Eduard had become acquainted with the designer and founder of the planned Jungfrau railway, Adolf Guyer-Zeller. Eduard told him enthusiastically and in detail of his latest photographic work: since his stay in the Jungfrau area he had photographed snow flakes under a microscope, made possible through a self invented close-up system and had made an unbelievable discovery. He compared the flakes to each other, studied and researched them and undertook several experiments. He ended his extensive narration by saying to Guyer-Zeller: "You cannot imagine, dear sir, no snowflake resembles another. Is that not a miracle?!" Adolf Guyer-Zeller was inspired by the young man and offered Eduard employment; as a surveyor and photographer. Eduard accepted the offer. A train through the Eiger, the Mönch, up to his favourite mountain, the Jungfau? Mad, risky, but feasible, he thought to himself.

Eduard worked on the railway construction for three years. Life was hard, the work exhausting, with very little variety. First they lived in tents, then in worker barracks. In winter it was cold, they were freezing, but the mood was good. The workers originated nearly without exception from Italy and the work was advancing well, especially in the beginning. Until 26 February 1899, a holy Sunday. Six Italians died in a dynamite explosion. One of them was Giovanni from Palermo, a close friend and companion of Eduard's. "God's punishment!" as they had not followed Sunday rest, it was said. Someone from the lowlands, from Zurich, had drilled a large hole into the trinity, they whispered in the valley. They had disturbed the mountain spirits, and that could only be accompanied by bad luck. God's punishment and Sunday rest aside, the following Monday Eduard Presser left his employment. What hurt him just as much as God's punishment was the following: All of his photographic equipment and all his exposed glass plates had been destroyed in the explosion. Only two photographs had survived: A panoramic picture of Peter Baumann and Johannes Lauener, on 3 August 1896, taken after the descent on the Aletsch glacier. And a photograph of himself, on the Aletsch glacier, photographed by Lydia of Allmen.

From the Hamburg carpenters Eduard had learned to move on when things were out of kilter. "Life is too short to always stay at the same place. If things don't work out for you Eduard, take your hat and leave!" Eduard had made this wisdom of life his own – he moved on, although with a heavy heart. He didn't get very far however. Only as far as Grindelwald. There was much money to be made at that time from water and ice. "The thawed ice flowing off from the glacier was the best tasting and healthiest water of all the water of Switzerland" it was said at the time. The water from the glacier was bottled and sold as a potion for strength. This was the case from 1746 onwards, when a certain Johann Jakob Scheuchzer told the story of the healthiest of all waters and recommended it against fever, vomiting, inflammations, headache and many other physical defects. The glacier tonic from Grindelwald began its triumphant advance down to the valley and on to the capital Berne to the city fathers, in the belief that it could cure their many ailments and physical defects. Just as popular, but less questioned, was the ice. Huge quantities of ice were taken from the large and small Grindelwald glaciers, with massive ice blocks shipped on railway carriages to ice-consuming European cities such as Paris, Vienna and Basel. The best customers were hospitals, hotels and grocers, as recorded in delivery reports of time. Eduard spent some more years dealing in ice and water export, until again the time had come to move on. During his time as an ice exporter, he undertook more long hikes in the high alpine mountains and he also travelled to Basel on business. He liked it there and one day he did not return to the high mountains. And that's where he remained. Later on he worked as managing director of a brewery, married Emilie Herter, a beautiful woman from Basel and had three children with her. Margi, Mimi and Werner. I descend from Werner Presser. It is maintained that I inherited the love of photography and adventure from Eduard. To Wengen the family only returned for holidays, but the myth of Eduard on the summit of the Jungfau remains.

*Wengen. Beat Presser. October, 5th,1 2013*

LA SUISSE

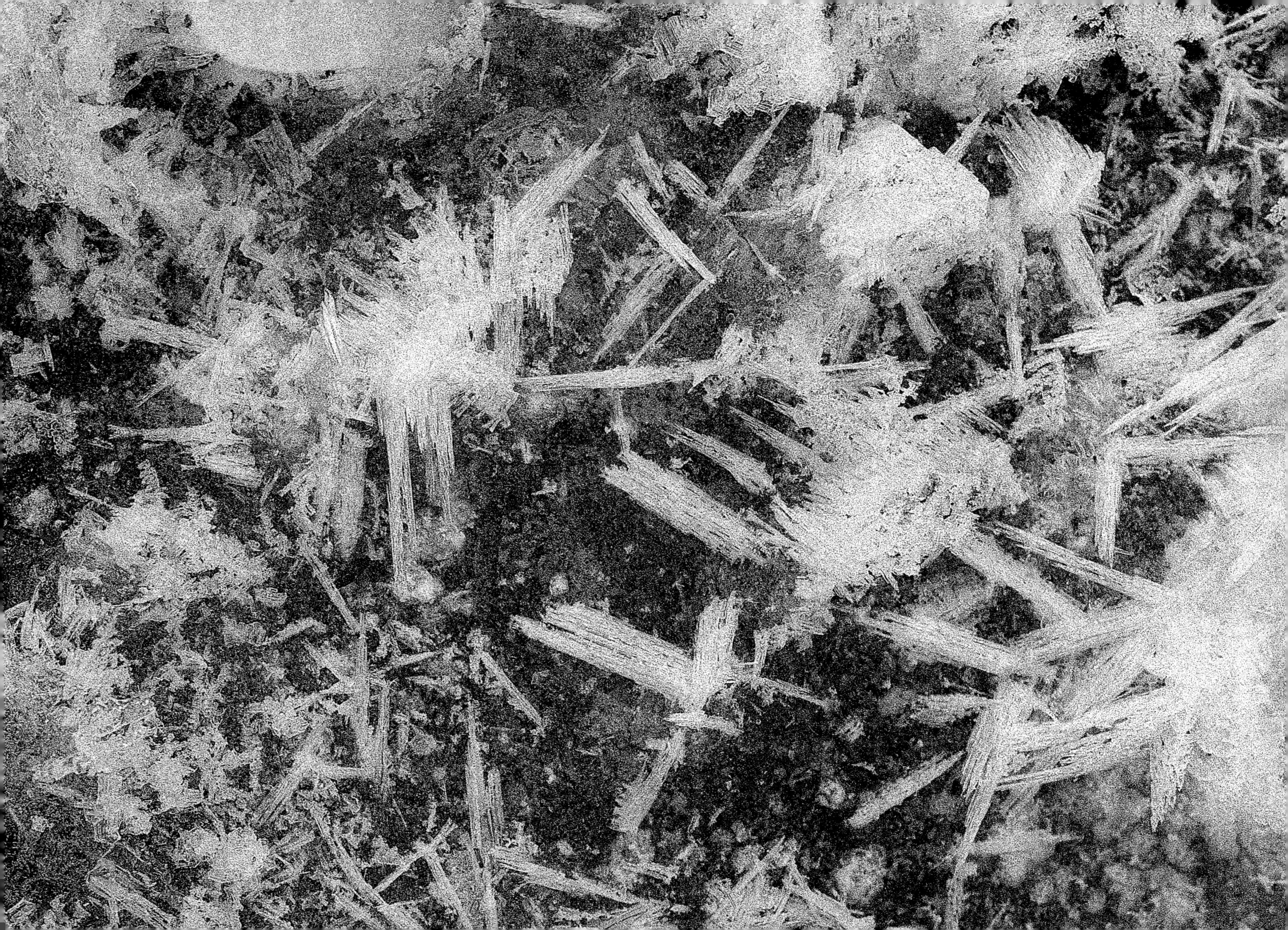

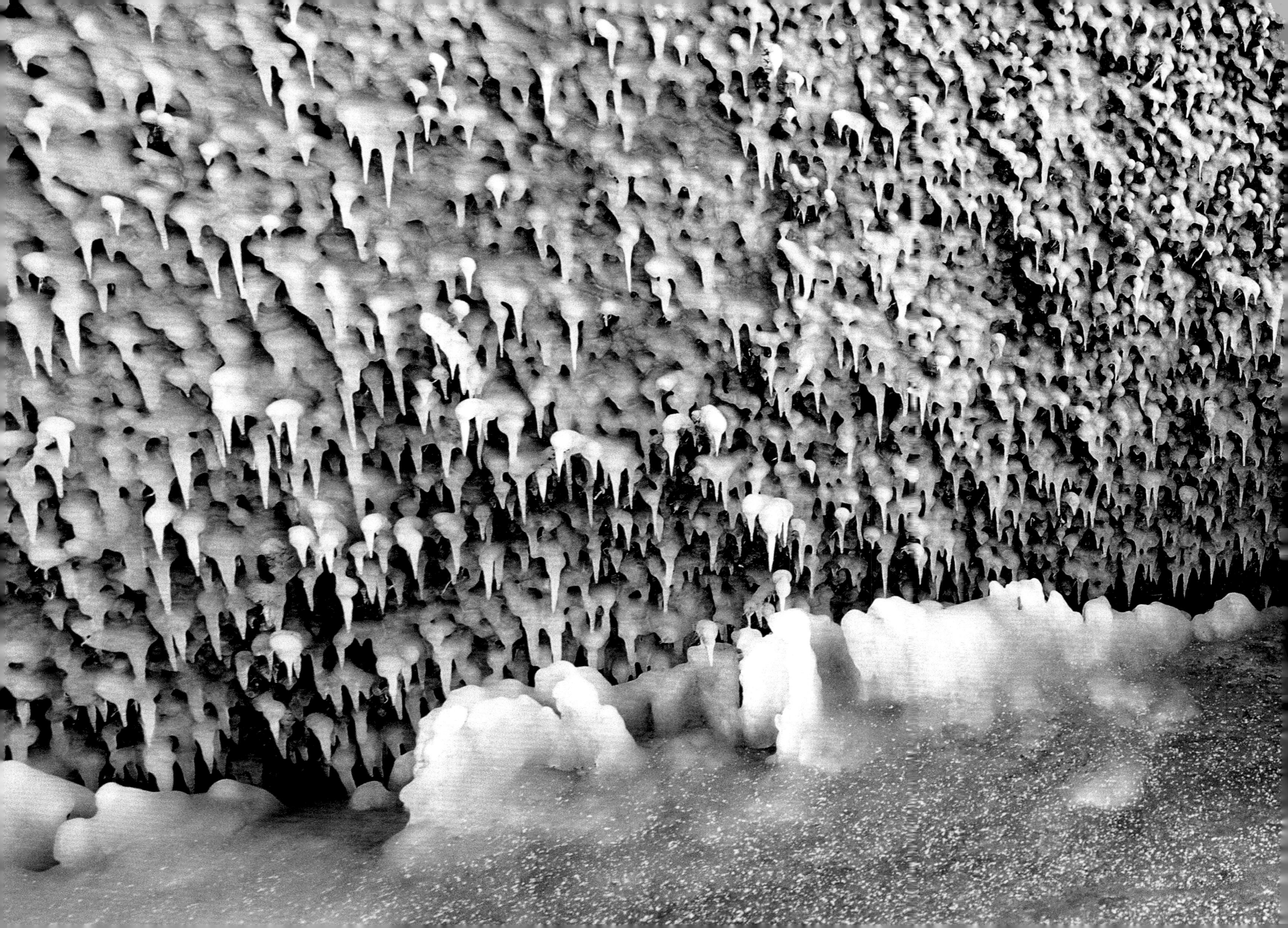

# Biografien / Biografies

**Beat Presser**, 1952 in Basel geboren, begann nach einer ersten Reise 1971 durch den Nahen Osten, Afrika und Asien seine Ausbildung beim renommierten Modefotografen Onorio Mansutti in Basel.

Zwanzigjährig erlernte er dort und später in Paris das Handwerk von der Pike auf, arbeitete in der Dunkelkammer und als Assistent im Fotostudio. Er lernte Filme zu entwickeln, Fotos zu vergrössern und zu retuschieren, sich mit der Fototechnik und Lichtführung vertraut zu machen sowie den Umgang mit Menschen und Projekten. Obwohl ihn die Modefotografie bald nach Paris und New York führte, war sie wenig mehr als Mittel zum Zweck.

Sein Interesse und die Faszination für das Kino brachten ihn schliesslich zum Film. Er liess sich zum Kameramann ausbilden und noch in den 1970ern publizierte er seine eigenen Zeitschriften *Palm Beach News* und *The Village Cry*, die ohne Berührungsängste alle Bereiche kreativen Arbeitens in Beiträgen zu Mode, Fotografie, Film, Architektur, Grafik, Literatur und Kunst miteinander vereinten. In dieser Zeit begegneten ihm viele faszinierende Menschen – Kreative jeglicher Couleur, Fotografen, Künstler, Intellektuelle, Filmer und Schauspieler, die ihn inspirierten und mit denen er zusammenarbeitete. Unter ihnen auch Klaus Kinski und Werner Herzog, die seine Arbeit in den 1980ern prägen sollten. Für Herzog arbeitete er u.a. als Standfotograf und Kameraassistent während der Dreharbeiten zu *Fitzcarraldo, Cobra Verde* und *Invincible,* und Klaus Kinski wurde er zu seinem bekanntesten Porträtisten.

Neben seiner Tätigkeit als Porträtfotograf ist Beat Presser viel unterwegs. Um zu reisen, zu forschen, zu entdecken und zu schreiben; als Fotograf eigene Wege zu gehen und selbst gewählte Geschichten in Wort und Bild zu erzählen. So entstanden in den letzten 25 Jahren fotografische Geschichten zu Madagaskar, zur toskanischen Maremma, den Pyramiden in Ägypten und Mexiko, zur Osterinsel, zum Theravada- und Mahayana-Buddhismus, zum Zirkus, zu Architektur und Film, zur Schifffahrt auf dem Indischen Ozean und viele andere kleinere und grössere Arbeiten. Beat Presser hat sich aber auch intensiv mit seiner eigenen Heimat auseinandergesetzt. Zuerst mit seinem Buch *Alpentraum,* einer kritisch-poetischen Auseinandersetzung mit der Schweiz, und jetzt mit seinem neusten Werk *Aqua,* einer Hommage an dasjenige Element, das ihm am meisten fasziniert: Wasser. *Aqua* – wie viele andere Projekte zuvor – entstand in enger Zusammenarbeit mit der Grafikdesignerin Vera Pechel.

Neben seiner Tätigkeit als Fotograf, Bücher- und Ausstellungsmacher ist er seit Mitte der 1990er-Jahre als Gastdozent für Fotografie und Film an Universitäten, Foto- und Filmschulen tätig, oft in enger Zusammenarbeit mit dem Goethe-Institut und Schweizer Botschaften im Ausland. Bei der Drucklegung dieses Buches ist Beat Presser im Rahmen eines Zyklus von sieben Seereisen auf Sindbads Spuren mit Schiffen im Indonesischen Archipel unterwegs.

**Beat Presser** was trained to become a photographer and cinematographer in Basel, Switzerland, where he was born and raised, then in Paris and New York. After his education in photographic studios, darkrooms, on filmsets, advertising agencies and newspapers, the Cooper Union University in New York and other places he started work as a freelance photographer and cameraman on his own account. And worked over the years in many different fields: Fashion, Advertising, Portrait Photography, Industrial Photography, Reproduction of paintings, for Newspapers, as a director of photography for documentary-, advertising- and featurefilms and he edited *Palm Beach News* and *The Village Cry* his own photography newspapers in the mid seventies.

In 1981 he was invited to become the still photographer and assistant cameraman for Werner Herzogs epic Fitzcarraldo, starring Claudia Cardinale and Klaus Kinski. A unique experience for the now 29 year old. In the jungle of Peru, during the difficult and seven months long realisation of Fitzcarraldo, for a first time he takes notes and starts to write short stories, all written longhand in small little books that would fit into one of his pockets, always ready to register impressions, observations and incidents. But it took another 25 years till his texts were published. Nevertheless already twelve photography books on different subjects on his early work, the Swiss Alps, on Klaus Kinski and Werner Herzog, on Architecture, Buddhism on Magic Places and other themes have been published by now.

Apart from commissioned work as a photographer or on filmsets earlier on, BP organises exhibits on his own work, teaches photography as a guest professor in different universities around the globe and he invests every penny he earns into his own projects. And he travels the world, with either his Hasselblad or Leica and at least 100 black and white films in his camerabag, always with the intention to bring back photographic stories from places not many people dare to go.

In 2009 BP travelled to East Africa to learn more about the Dhow culture and lived for 6 months on many different sailing vessels in the Indian Ocean along the East African Coast. Since his five year stay in Madagascar in the early 90-ties he was fascinated by this topic. What kind of ships did the first settlers in Madagascar arrive on? Where did these nomads of the wind – those who first explored the sea – come from? From Africa, Arabia, India, Indonesia, the South Seas? How were these ships built and equipped that made such long and exhausting voyages? What has changed over the millennia and what has kept this tradition of sea travel alive?

A fascinating research, a unique book with black and white photographs named "Dhow, Beatus Piratus on Sindabad's tracks". With a text written by the author, all in longhand, like 30 years ago in a small little book.

Now Beat Pressers research continues. In the Indonesian Archipelago. From island to island. From boat to boat…

**Jürg Steiner** (1964) studierte an der Universität in Bern und arbeitet als Journalist bei der Berner Zeitung sowie als freier Autor. Er befasst sich unter anderem mit Alpinismus und Klimawandel. Zusammen mit dem Journalisten Stefan von Bergen publizierte er 2012 das Buch *Wie viel Bern braucht die Schweiz?* (Stämpfli-Verlag). Er lebt mit seiner Familie in Mittelhäusern bei Bern.

**Jürg Steiner** (1964) studied at the University of Berne and works both as a journalist at the Berner Zeitung and as a freelance author. Among other subjects he is concerned with Alpinism and climate change. In 2012, together with the journalist Stefan von Bergen, he published the book "Wie viel Bern braucht die Schweiz? [How much Berne does Switzerland need?] (Stämpfli-Verlag). He lives with his family in Mittelhäusern near Berne.

## Publikationen / Publications:

**Palm Beach News** (photo magazine), 1976.
**The Village Cry** (photo magazine), 1977.
**Flitz Flying Magazine** (photo magazine), 1981.
**Coming Attractions**, Inter Art Corporation, Basel. Lustrum Press New York, 1984.
**Klaus Kinski**, Roma Buchproduktion, Stampa, 1984.
**Cobra Verde**, Filmbuch Edition Stemmle, Schaffhausen, 1987.
**Nikolausz Günther Nakszynski**, Art Publishing, Dublin, 1992.
**Die Enden der Welt**, Stadt Bochum, 1992.
**Tracce**, Erika Suter-Pongratz, 1995.
**Alpentraum**, Christoph Merian Verlag, Basel, 1998.
**Ansichten zur Architektur**, Anthology, Neues Museum in Nürnberg, 2000.
**Klaus Kinski, portraitiert von Beat Presser**. Parthas Verlag / ARTE, Berlin, 2000.
**Skytrain**, Goethe Institut, Bangkok 2002.
**Werner Herzog**, Jovis Verlag / ARTE, Berlin 2002.
**Take a Seat**, Chart, Basel, 2005.
**Oase der Stille**, Benteli Verlag, 2005.
**Oasis of Silence,** Benteli Verlag, 2007.
**Kinski,** Moser Verlag, 2011.
**Dhau, Beatus Piratus auf Sindbads Spuren,** Moser Verlag, 2011.
**Aqua,** Till Schaap Edition, 2014.

Schwarzeis. Silvaplaner See

Inn. Sent

Doubs. Jura

Grimselsee

Gletscher. Morteratsch

Gletscher. Morteratsch

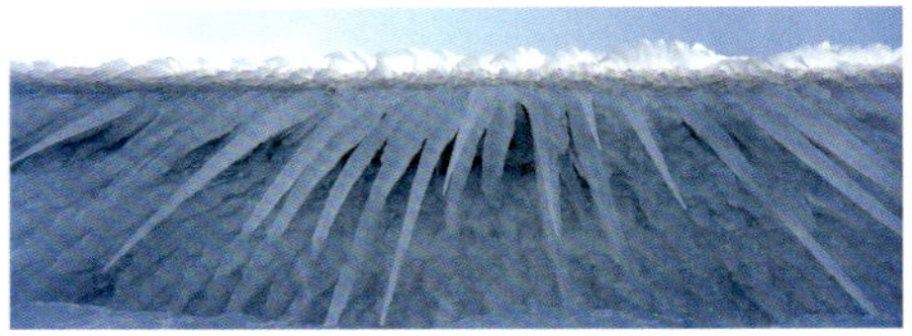
Versoix. Genfersee

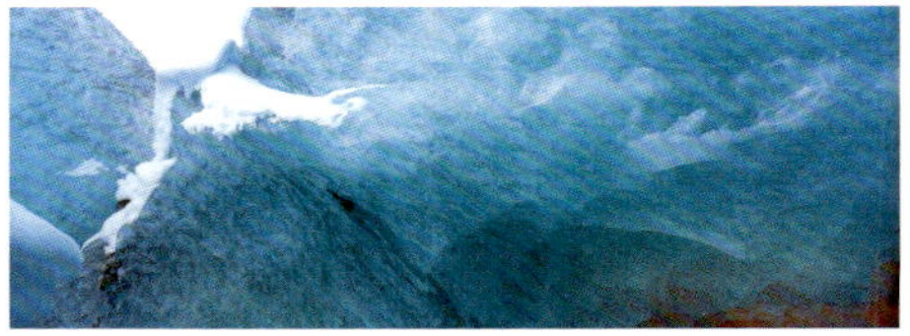
Eisformation. Pontresina

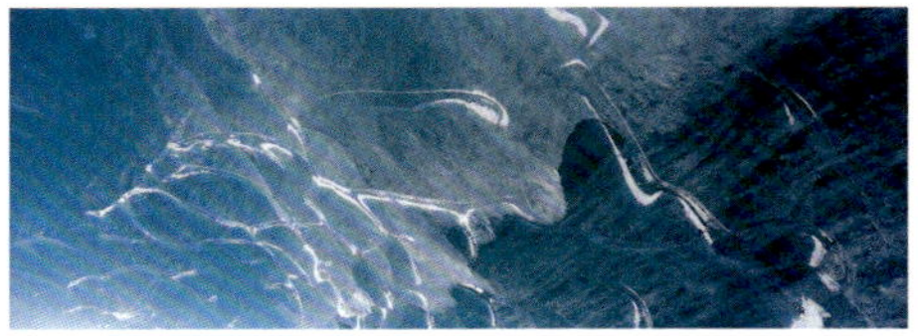
Eisformation. Morteratsch

Gletscher. Morteratsch

Gletscher. Jungfraujoch

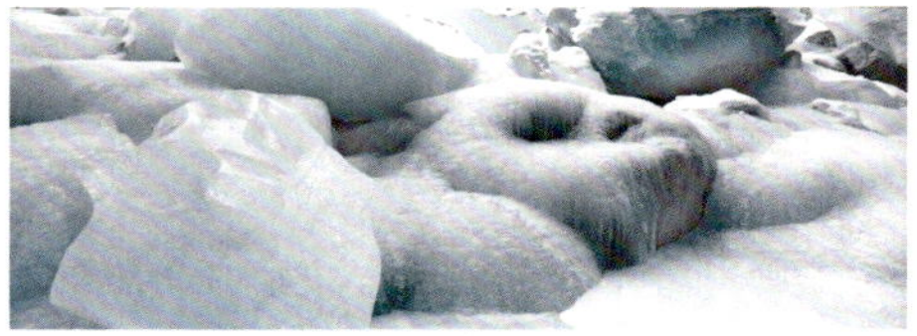
Gefrorenes Gletscherwasser

Gletscher. Morteratsch

Aletschgletscher

Rhônegletscher

Rhônegletscher

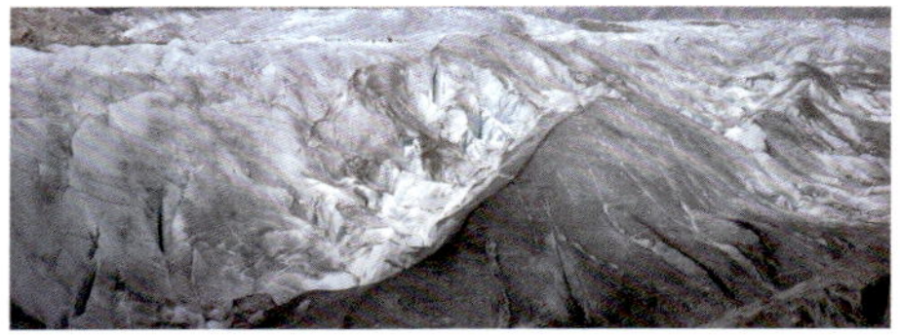
Aletschgletscher

Aletschgletscher

Strasse zur Axalp. Brienzersee

Grindelwald

Gornergletscher

Corvatsch

Bachalpsee

Reuss. Teufelsbrücke

Riffelsee

Rheinfall. Schaffhausen

Genfersee

Genfersee

Neuenburgersee

Schloss Chillon. Genfersee

Vierwaldstättersee

Vierwaldstättersee

Bielersee

Limmatbad Letten. Zürich

Mittlere Rheinbrücke. Basel

Synchronised Skating

Eishockey Spiel

Bobbahn. Celerina

Eisfeld. Pontresina

Eishockeyfeld. Lenk

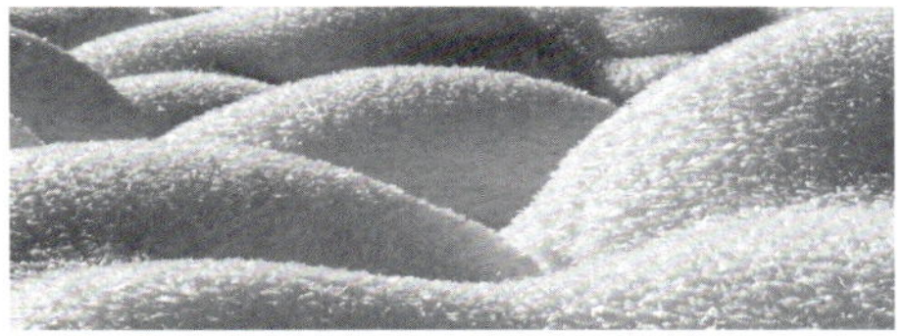
Schneeformation. Disentis

Schneeverwehung. Diavolezza

Lawine. Parsenn

Schneeverwähung. Piz Palü

Lac de Joux

Schwarzeis. Sils Maria

Eisblumen. Pontresina

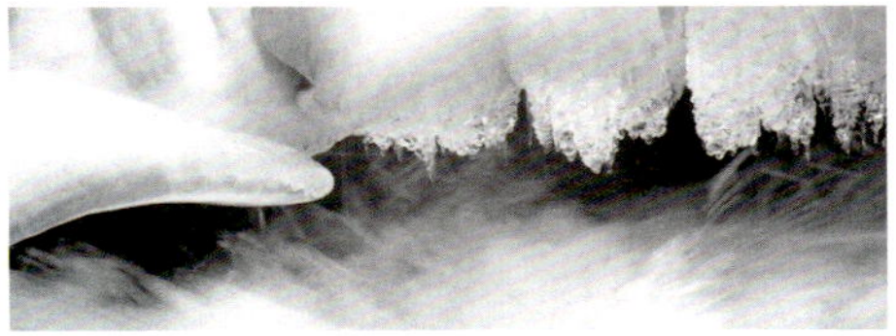
Inn. Engadin

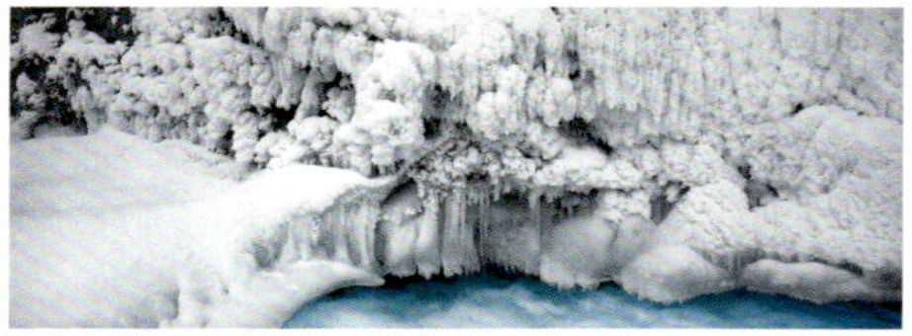
Inn. Scuol-Tarasp

Versoix am Genfersee

Uferlandschaft am Neuenburgersee

Winterlandschaft. Neuenburgersee

Eislandschaft. Genfersee

Uferpromenade. Neuenburgersee

Einsame Bank am Genfersee

Uferlandschaft am Neuenburgersee

Landquart. Monbiel

Genfersee

Eduard Presser

Johannes Lauener und Peter Baumann auf dem Aletschgletscher

Berner Oberland

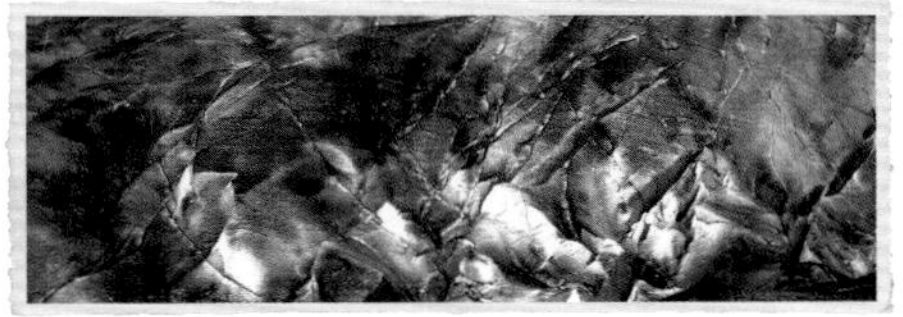
Gletscherformation

Eiger, Mönch und Jungfrau